电力企业危险废物管理

付志新 李安学 段向兵 编著

中国电力出版社
CHINA ELECTRIC POWER PRESS

内 容 提 要

本书是面向电力企业危险废物管理从业人员的参考书，针对电力企业危险废物管理工作中存在的知其然不知其所以然的问题，从设计开始经供应、存储、使用等环节，到使用价值结束，有利于读者全面系统掌握危险废物管理知识和要求。内容包括危险废物有关的基础理论知识、相关法律法规要求、电力企业危险废物产生环节和种类、危险废物计划和台账管理、危险废物收集与运输以及转移与处置管理、危险废物管理责任落实和迎检管理、危险废物储存管理、建设项目危险废物环境影响评价、危险废物管理典型违法案例。

本书适用于电力企业危险废物安全管理人员和专业技术人员，也适用于企业相关人员危险废物管理培训。

图书在版编目（CIP）数据

电力企业危险废物管理／付志新，李安学，段向兵编著．—北京：中国电力出版社，2023.6
ISBN 978-7-5198-7880-1

Ⅰ.①电… Ⅱ.①付…②李…③段… Ⅲ.①电力工业—工业企业—危险废弃物—废物管理 Ⅳ.① X773

中国国家版本馆 CIP 数据核字（2023）第 091741 号

出版发行：中国电力出版社
地　　址：北京市东城区北京站西街 19 号（邮政编码 100005）
网　　址：http://www.cepp.sgcc.com.cn
责任编辑：宋红梅
责任校对：黄　蓓　王海南
装帧设计：王红柳
责任印制：吴　迪

印　　刷：三河市万龙印装有限公司
版　　次：2023 年 6 月第一版
印　　次：2023 年 6 月北京第一次印刷
开　　本：787 毫米 ×1092 毫米　16 开本
印　　张：9
字　　数：175 千字
印　　数：0001—2000 册
定　　价：49.00 元

版 权 专 有　侵 权 必 究

本书如有印装质量问题，我社营销中心负责退换

前 言

本书是面向电力企业（特别是燃煤发电企业）危险废物管理从业人员的一部参考书。通过系统阐述危险废物相关基础知识和法律法规、标准规范体系，围绕电力企业危险废物收集、运输、贮存、转移、环境影响评价等重点环节，指导电力企业规范危险废物管理和促进管理能力提升。

近年来，国家高度重视危险废物污染防治工作，危险废物管理要求不断提高，危险废物管理法律法规、标准规范体系不断修订完善，电力企业危险废物管理工作面临新挑战，压力不断加大。特别是2020年4月29日修订通过的《中华人民共和国固体废物污染环境防治法》，对危险废物管理计划制度、台账和申报制度、转移制度、经营许可制度、环境应急预案备案制度等提出了新要求。强化危险废物规范化管理，是持续推动企业落实危险废物污染环境防治主体责任的具体体现，也是全面做好防范环境风险和保障环境安全的重要基础，如何提高企业危险废物的管理水平也成为企业管理者、环保主管部门的关注点。

在电力企业生态环境保护管理工作中体会到，电力企业危险废物的管理有其自身特点，虽然也属于危险废物产生单位，但在危险废物产生种类、数量、危害性等方面，与危险化学品生产经营单位相比有很大不同。电力企业危险废物管理重点主要在收集、贮存、转移环节，运输方面通常仅涉及厂内运输，很少涉及处置和利用环节。当前关于危险废物管理的法律法规、标准规范等，大多适用于诸如危险化学品生产经营类的危险废物产生企业和危险废物利用处置企业，明确适用于电力企业的较少，针对电力企业危险废物管理的公开参考文献也很少。因此，作者萌生了为电力企业编写一部关于危险废物管理的参考资料，一方面为广大电力企业从事危险废物管理从业人员提供一部比较全面、系统、规范的参考文献，另一方面也是把在危险废物管理工作中的一些经验、想法和收集到的文献资料系统化。为便于理解固体废物与危险废物间的联系和区别，文中部分章节增加了关于固体废物的基础知识。本书是作者多年从事电力企业生态环境保护管理工作的体会与总结。本书针对性强，有助于读者了解和掌握危险废物相关基础知识、国家和行业层面都有哪些管理规定、作为电力企业危险废物从业人员如何依法依规开展相关工作、如何从危险废物违法案例中汲取事故教训等，力图让读者"知其然，知其所以然"。本书引用的主要法律法规截至2023年2月底。

全书由付志新组织、策划并统稿，其中，付志新编写第二~四章、第八章、第九章，李安学编写前言、第一章、第十章，段向兵编写第五~七章。在编写过程中，查阅、参考和引用了一些著作和文章成果，都尽量在书末的参考文献中列出，在此向有关作者表示衷心感谢！

在编写过程中，作者通过工厂调研、与专家研讨、文献阅读和管理实践，得到了许多领导、专家和同事的帮助，在此表示真诚的感谢！

尽管作者尽了最大努力，但由于所涉及的专业多、知识面广，加上水平有限，书中涉及的内容恐有不尽完美之处，难免会存在疏漏和不足，恳请读者批评指正，并请在使用过程中加以甄别。

编　者

2023年4月

目录

前　言

第一章　概　述　　1
　　第一节　危险废物管理形势和要求　　1
　　第二节　电力企业危险废物及其管理特点　　3

第二章　危险废物管理相关法律法规　　7
　　第一节　危险废物相关法律法规体系　　7
　　第二节　危险废物相关法律法规规定　　11
　　第三节　危险废物相关法律责任　　16

第三章　电力企业危险（固体）废物管理基础知识　　19
　　第一节　固体废物相关基础知识　　19
　　第二节　危险废物相关基础知识　　25
　　第三节　危险废物的鉴别　　29
　　第四节　《国家危险废物名录》相关知识　　32
　　第五节　危险废物豁免管理制度　　35
　　第六节　危险废物识别标志　　37

第四章　电力企业危险（固体）废物种类及产生环节　54
第一节　电力企业危险废物的产生环节　54
第二节　电力企业危险废物的种类和鉴别　57

第五章　电力企业危险废物计划和台账管理　62
第一节　总体要求　62
第二节　危险废物管理计划的制定　64
第三节　危险废物管理台账的制定　70
第四节　危险废物申报管理　75

第六章　电力企业危险废物收集与运输、转移与处置管理　80
第一节　收集与运输管理　80
第二节　转移与处置管理　85

第七章　电力企业危险废物管理责任落实和迎检管理　94
第一节　危险废物管理责任落实　94
第二节　危险废物核查迎检管理　98

第八章　电力企业危险废物贮存管理　106
第一节　危险废物贮存管理的相关要求　106
第二节　电力企业危险废物贮存管理　110

第九章　建设项目危险废物环境影响评价　120
第一节　适用范围和原则　120
第二节　危险废物环境影响评价技术要求　121

第十章　危险废物管理典型违法案例　　126

第一节　非法收集危险废物和涉嫌非法处置危险废物案例　　126
第二节　企业涉嫌跨省非法转移、倾倒、处置危险废物案例　　130
第三节　企业未按规定存放包装物违法案例　　131
第四节　企业无证从事收集危险废物经营活动违法案例　　132
第五节　企业危险废物储存库未按要求建设管理违法案例　　134

参考文献　　136

第一章
概 述

第一节 危险废物管理形势和要求

一、国内危险废物管理现状和形势

根据《国家危险废物名录》，危险废物分46大类共460余种，种类繁多，成分复杂，具有毒性、反应性、腐蚀性、易燃性、传染性等危害特性，其污染具有潜在性和滞后性，是环境保护的重点和难点问题之一。

随着社会的发展和物质生产规模的增大，我国危险废物的产生量、处置利用单位数量、危险废物利用处置能力及实际利用处置量也随之增长。据统计，截至2020年底，我国共有超过22万个单位申报登记产生的危险废物总量约有8400万t。在行业分布上，来源于化学原料及化学制造业的危险废物，约占总量的18%；来源于有色金属冶炼和压延加工业的危险废物，约占总量的13%；来源于石油、煤炭及其他燃料加工业的危险废物，约占总量的12%；来源于黑色金属冶炼和压延加工业的危险废物，约占总量的10%；来源于金属制造业的危险废物，约占总量的6%；其他行业产生的危险废物，约占总量的41%。在年产生量分布上，100t以上产生量的单位占比超98.5%；10～100t产生量的单位约占1.2%；10t以下产生量的单位约占0.3%。另外，社会生活中也产生了大量废弃的含有镉、汞、铅、镍等的电池和荧光灯管等危险废物。2021年，我国大、中城市危险废物产量达到5365.03万t，增速为7.37%；危险废物处理量达9330万t，较上年增长11.2%。

危险废物由于其废物属性和危险特性，在其产生、收集、贮存、转移、利用或处置的任何一个环节，若管理不当都会对环境造成影响，甚至触犯法律。当前，国家危险废物管理规范标准不断完善、危险废物利用处置能力逐年提升、危险废物监管日益严格，但很多企业还存在着环评编制与实际产废情况不相符、对规范管理政策把握不准、人员专业能力不强、思想认识不到位、守法意识不强等问题，主客观上出现非法转移、处置危险废物事件依然多发，环境风险依然较大，危险废物环境管理形势依然严峻。仅2020年，全国共查处危险废物环境违法案件5841起，罚款

2.4亿元，发现危险废物环境违法犯罪线索1311个，移送公安机关立案768起，批捕犯罪嫌疑人1253人，检察机关已起诉301起案件，审判完成160起，判决罪犯335人。2021年，全国生态环境部门共查处涉危险废物环境违法案件约5300起，向公安机关移送1000余起，罚款约6.5亿元。2022年，各地向公安机关移送涉嫌危险废物环境违法犯罪案件805起、涉嫌自动监测数据弄虚作假环境违法犯罪案件232起。

二、国家对危险废物管理提出了更高的要求

自2016年起，国家新编、修订完善了一系列危险废物法律法规、标准规范和政策要求，先后出台了《危险废物产生单位管理计划制定指南》《危险废物贮存污染控制标准》《废铅蓄电池污染防治技术政策》《建设项目危险废物环境影响评价指南》等，修订完善了《国家危险废物名录》《危险废物鉴别通则》《危险废物识别标志设置技术规范》《中华人民共和国固体废物污染环境防治法》等，发布了《关于开展危险废物专项治理工作的通知》《中共中央 国务院关于全面加强生态环境保护坚决打好污染防治攻坚战的意见》《关于推进危险废物环境管理信息化有关工作的通知》《强化危险废物监管和利用处置能力改革实施方案》等，《中华人民共和国国民经济和社会发展第十四个五年规划和2035年远景目标纲要》明确要求加强危险废物、医疗废物收集处理。危险废物管理法规体系和管理制度体系得到进一步完善。

三、研究电力企业危险废物管理的意义

近年来，国家环境保护部门对电力企业危险废物管理越来越重视，每次环保检查都将危险废物管理作为一项重要内容，而且与安全生产息息相关。随着电力行业的发展，电池等储能设施的广泛应用，单个企业规模不断增大，企业产生的危险废物也随之增多，整个行业危险废物产生量也不容小视。危险废物管理是一项非常专业的工作，是企业环保管理的重要内容，做好危险废物管理是企业应尽的责任。在当前国内危险废物管理形势严峻、党中央国务院对危险废物管理提出新要求的情况下，电力企业如何落实主体责任、贯彻落实好国家有关重大决策部署、做好危险废物管理、进一步提升企业危废管理风险意识、提高企业环境保护管理水平具有重要意义。

现阶段全面做好危险废物管理工作，对完善企业危险废物管理制度体系、落实危险废物管理主体责任、提高事故风险防控水平、杜绝发生危险废物管理事故事件意义重大。

第二节　电力企业危险废物及其管理特点

一、电力企业危险废物产生环节和种类

电力企业在生产过程中不可避免地产生固体废物，其中燃煤电厂比较多，涉及十几种，主要在燃烧系统、汽水系统、电气系统、设备检修与维护和分析检测五个环节。依据《中华人民共和国固体废物污染环境防治法》《固体废物鉴别通则》《国家危险废物名录》对燃煤电厂所产生的主要固体废物进行鉴别，分别鉴别出一般工业固体废物和危险废物。

以某600MW燃煤电厂为例，其固体废物主要包括：

（1）石子煤。
（2）炉渣。
（3）粉煤灰。
（4）脱硫石膏。
（5）废脱硝催化剂。
（6）废矿物油。
（7）废含油抹布。
（8）废油渣。
（9）废酸液。
（10）废变压器油。
（11）废保温材料。
（12）废铅蓄电池。
（13）废离子交换树脂。
（14）污泥。
（15）废包装物。
（16）废药品等。

上述固体废物中，属于一般工业固体废物的有石子煤、炉渣、粉煤灰、脱硫石膏等4种；属于危险废物的有废油渣、废含油抹布、废保温材料、废包装物、废铅蓄电池、废变压器油、废脱硝催化剂、废矿物油、废酸液、废离子交换树脂、废药品等11种。其中，废含油抹布属于可以按照《危险废物豁免管理清单》管理的危险废物。

需说明的是，部分设立有医疗救助机构的电力企业可能还会产生医疗废物，医疗废物属于危险废物的一种，对于医疗废物有专门的法律法规及标准规范，随着国家对医疗废物的强化监管，医疗废物管理已基本形成独立体系，本书不作赘述。

二、电力企业危险废物管理的特点

1. 涉及环节相对较少

电力企业危险废物的管理有其自身特点，虽然属于危险废物产生单位，但在危险废物产生种类、数量、危害性等方面，不同于危险化学品生产经营单位，电力企业危险废物管理重点主要在收集、贮存、转移环节，运输方面仅仅涉及厂内运输，通常不涉及处置和利用环节。

当前涉及危险废物管理的法律法规、标准规范等适用于如化工类企业或危险化学品生产经营类的危险废物产生和危险废物利用、处置企业，明确适用于电力企业的较少。

2. 不涉及危险废物许可管理

当前关于危险废物许可管理的主要制度有：

（1）《排污许可证申请与核发技术规范 工业固体废物和危险废物治理》（HJ 1033—2019）。该标准适用于工业固体废物和危险废物治理排污单位排放的大气污染物、水污染物以及产生的固体废物的排污许可管理，并明确规定标准未做规定但排放工业废水、废气或者国家规定的有毒有害污染物的工业固体废物和危险废物治理排污单位的其他生产设施和排放口，参照排污许可执行。

（2）《危险废物经营许可证管理办法》（国务院令第408号，2016年修订）。该办法规定，在中华人民共和国境内从事危险废物收集、贮存、处置经营活动的单位，应当依照本办法的规定，领取危险废物经营许可证。危险废物经营许可证按照经营方式，分为危险废物收集、贮存、处置综合经营许可证和危险废物收集经营许可证。

（3）《危险废物环境许可证管理办法（修订草案）（征求意见稿）》。2020年生态环境部发布了《危险废物环境许可证管理办法（修订草案）（征求意见稿）》，规定仅收集、贮存、利用、处置本单位产生的危险废物的单位，无需申领危险废物环境许可证，依法执行排污许可管理制度的规定。同时"危险废物经营许可证"将变更为"危险废物环境许可证"。但自本书刊发之日，该办法仍未正式发布。

可以看出，电力企业不同于典型的危险废物产生、收集、贮存、利用、处置单位，不属于危险废物治理排污单位，也不属于典型的危险废物贮存单位，因此原则上是不涉及许可管理，但各级地方环境监管部门若有特别规定的除外。

三、电力企业危险废物管理存在的问题

目前，我国生态环境保护工作要求日趋严格，各项环保措施和要求推陈出新，要求企业不断提高对生态环境保护工作的重视程度，特别是危险废物管理方面需依法合

规开展工作。但是，一些电力企业对危险废物管理工作认识不到位、管理不严格，存在较多问题；对国家或行业法律法规理解不深，不能及时了解和掌握新要求。主要表现在以下五个方面。

1. 实际情况与环评不一致

企业环境影响评价报告在编制及审批时，参照设计资料或者同类型企业产废情况进行核算，但不少环评报告由于编制时间较长，部分企业的生产工艺路线、原辅材料使用以及某些工艺参数的改变，均可能产生危废种类与企业实际运行不相符的情况，导致产废种类不全面、产废环节不明确以及危废产生量不精准，危废实际产生量与环评预估量相差较大等问题。

2. 认识不到位

从目前实际情况来看，大型企业在危险废物管理上较为重视，而小型企业无论是自身还是从管理部门监管力度上，均未引起足够的重视。有些电力企业往往将重点放在废水、废气的达标排放上，而弱化对危险废物的管理，部分企业甚至还存在违法倾倒和转移危险废物、随意处理处置危险废物的现象。一些电力企业因缺少对危险废物危害性的全面认识及企业自身管理的不重视，台账资料、贮存场所的设置均无法满足环保管理的要求。主要存在的问题包括：

（1）危险废物仓库地面和裙角防渗缺失，地面裂缝，无照明、无观察口、无收集沟。

（2）有VOCs、恶臭等废气排放的危险废物仓库，无废气收集导排及处理设施。

（3）危险废物仓库内未配备视频监控、通信设备、安全防护服、应急防护设施和工具等。

（4）危险废物采用蛇皮袋包装，危险废物标识不全，危险废物信息单的填写不规范。

（5）废桶、废包装放置于危险废物仓库以外的区域。

3. 对规范管理政策把握不准

目前，我国环保事业正处于快速发展时期，各项环保措施的推陈出新，不断提高企业对环保的重视程度。但正是由于企业对危险废物管理政策要求的不熟悉，对未在环评中识别出的危险废物的性质不明确，废包装袋、废包装桶、机修废油纱布、维修废弃物等未申报，危险废物超期储存等情况较为普遍，使得企业危险废物规范化管理上的统一要求措施落实不到位。

4. 新旧《国家危险废物名录》的衔接不及时

《国家危险废物名录（2021版）》已于2020年11月25日发布。新名录主要对部分危险废物类别进行了增减、合并以及表述的修改。例如，HW49其他废物类别当中新增的772-006-49（采用物理、化学、物理化学或生物方法处理或处置毒性或感染性危险废物过程中产生的废水处理污泥、残渣/液）、900-039-49（烟气、VOCs治理过程产生的废活性炭，化学原料和化学制品脱色、除杂、净化过程产生的废活性炭）两项代码，是工业企业普遍存在的两类危险废物。同时，新名录新增豁免了一批危险废物，如仅有腐蚀性危险特性的废酸碱等，也属工业企业普遍存在的危险废物。而部分企业对新旧名录的衔接不及时，未对相关危险废物代码进行变更，也未按照新名录更新危险废物管理计划，造成废物资源浪费，增加危险废物处置的环境风险，提高危险废物管理和处置成本。

5. 废物类别与危险废物实际特性不一致

以废盐类危险废物为例，废盐类危险废物来源广泛，但在《国家危险废物名录（2016版）》中尚无明确的废物代码，企业按照本身行业类别将废盐列入HW06废有机溶剂与含有机溶剂废物、HW12染料、涂料废物等类别，或根据废物产生环节将废盐列入HW11精（蒸）馏残渣等类别，这些有机废物类别的理化性质及危险特性与废盐差别较大，适用的处理处置方法也不同，根据《危险废物处置工程技术导则》（HJ 2042），有机类危废适用于焚烧处理，而废盐不宜采用焚烧的方式进行处置，并且废盐由于可溶性盐含量较高，采用安全填埋的方式处理只能进入刚性填埋场填埋，而刚性填埋场通常没有有机废物处置类别，导致废盐难以委外处置。

随着危险废物管理法律法规、标准规范体系的不断修订完善，及国家对危险废物管理要求的不断提高，电力企业的危险废物环境管理工作将面临各种挑战，企业危险废物管理压力将不断加大。在企业危险废物管理中，需通过企业内部管理人员实际工作责任的明确，危险废物管理知识的宣贯与不断更新，不断规范和完善危险废物管理体系和机制，推动企业危险废物管理规范化、合法化、信息化。

第二章

危险废物管理相关法律法规

第一节　危险废物相关法律法规体系

一、国内环境保护法律体系

我国目前建立了由法律、国务院行政法规、政府部门规章、地方性法规和地方政府规章、环境标准、环境保护国际公约组成的完整的环境保护法律法规体系。

（一）法律

1.《中华人民共和国宪法》

该体系以《中华人民共和国宪法》中对环境保护的规定为基础。《中华人民共和国宪法》2018年修正案序言明确"推动物质文明、政治文明、精神文明、社会文明、生态文明协调发展"。1982年通过的《中华人民共和国宪法》在2004年修正案第九条规定："国家保障自然资源的合理利用、保护珍贵的动物和植物，禁止任何组织或者个人用任何手段侵占或者破坏自然资源。"

第十六条规定："国家保护和改善生活环境和生态环境，防治污染和其他公害。"

《中华人民共和国宪法》中的这些规定是环境保护立法的依据和指导原则。

2. 环境保护法律

环境保护法律包括环境保护综合法、环境保护单行法和环境保护相关法。

（1）环境保护综合法是指2014年修订的《中华人民共和国环境保护法》

（2）环境保护单行法包括污染防治法（《中华人民共和国水污染防治法》《中华人民共和国大气污染防治法》《中华人民共和国土壤污染防治法》《中华人民共和国固体废物污染环境防治法》《中华人民共和国环境噪声污染防治法》《中华人民共和国放射性污染防治法》等），生态保护法（《中华人民共和国水土保持法》《中华人民共和国野生动物保护法》《中华人民共和国防沙治沙法》等），《中华人民共和国海洋环境保护法》和《中华人民共和国环境影响评价法》。

（3）环境保护相关法是指一些自然资源保护和其他有关部门法律，如《中华人民共和国森林法》《中华人民共和国草原法》《中华人民共和国渔业法》《中华人民共和国矿产资源法》《中华人民共和国水法》《中华人民共和国清洁生产促进法》等都涉及环境保护的有关要求，也是环境保护法律法规体系的一部分。

（二）环境保护行政法规

环境保护行政法规是由国务院制定并公布或经国务院批准有关主管部门公布的环境保护规范性文件。一是根据法律授权制定的环境保护法的实施细则或条例；二是针对环境保护的某个领域而制定的条例、规定和办法，如《建设项目环境保护管理条例》和《规划环境影响评价条例》。

（三）政府部门规章

政府部门规章是指国务院生态环境主管部门单独发布或与国务院有关部门联合发布的环境保护规范性文件，以及政府其他有关行政主管部门依法制定的环境保护规范性文件。政府部门规章是以环境保护法律和行政法规为依据而制定的，或者是针对某些尚未有相应法律和行政法规的领域作出的相应规定。

（四）环境保护地方性法规和地方性规章

环境保护地方性法规和地方性规章是享有立法权的地方权力机关和地方政府机关依据《中华人民共和国宪法》和相关法律制定的环境保护规范性文件。这些规范性文件是根据本地实际情况和特定环境问题制定的，并在本地区实施，有较强的可操作性。环境保护地方性法规和地方性规章不能和法律、国务院行政法规相抵触。

（五）环境标准

环境标准是环境保护法律法规体系的一个组成部分，是环境执法和环境管理工作的技术依据。我国的环境标准分为国家环境标准、地方环境标准和生态环境部标准。

（六）环境保护国际公约

环境保护国际公约是指我国缔结和参加的环境保护国际公约、条约和议定书。国际公约与我国环境保护法律有不同规定时，优先适用国际公约的规定，但我国声明保留的条款除外。

二、环境保护法律法规体系中各层次间的关系

《中华人民共和国宪法》是环境保护法律法规体系建立的依据和基础，法律层次不

管是环境保护的综合法、单行法还是相关法,其中对环境保护的要求,法律效力是一样的。如果法律规定中有不一致的地方,应遵循后法大于先法(见图2-1)。

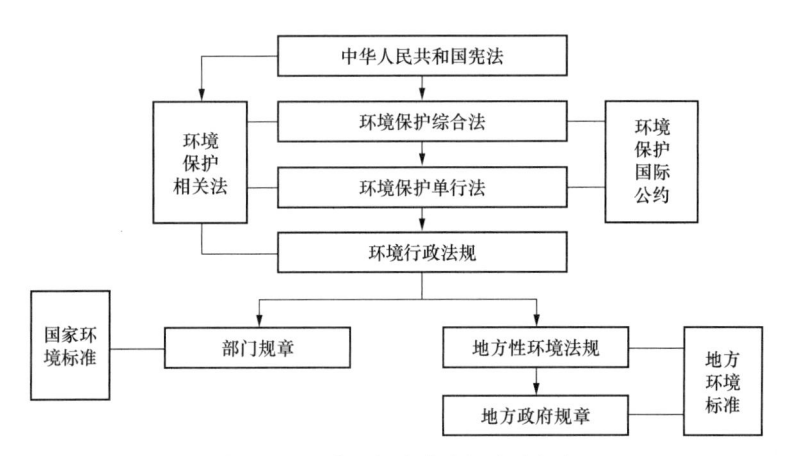

图 2-1 环境保护法律法规体系框架

国务院环境保护行政法规的法律地位仅次于法律。部门行政规章、地方环境法规和地方政府规章均不得违背法律和行政法规的规定。地方法规和地方政府规章只在制定法规、规章的辖区内有效。

三、电力行业危险废物相关法律法规情况

危险废物制度体系包括法律、规章、标准、技术规范、管理指南、其他规范性文件等,危险废物的相关法律规章相对较少,多以标准和技术规范为主。作者对国内危险废物相关法律法规、标准规范进行了汇总整理,筛选一部分与电力企业相关的法律法规,供参考。

1. 法律、规章

(1)《中华人民共和国环境保护法》。

(2)《控制危险废物越境转移及其处置巴塞尔公约》。

(3)《中华人民共和国固体废物污染环境防治法》。

(4)《危险废物环境许可证管理办法》。

(5)《危险废物转移环境管理办法》。

(6)《国家危险废物名录》。

2. 标准规范

(1)《危险废物贮存污染控制标准》(GB 18597)。

(2)《危险废物收集贮存运输技术规范》(HJ 2025)。

(3)《危险废物鉴别标准 通则》(GB 5085.7)。

（4）《危险废物鉴别标准　腐蚀性鉴别》（GB 5085.1）。

（5）《危险废物鉴别标准　急性毒性初筛》（GB 5085.2）。

（6）《危险废物鉴别标准　浸出毒性鉴别》（GB 5085.3）。

（7）《危险废物鉴别标准　易燃性鉴别》（GB 5085.4）。

（8）《危险废物鉴别标准　反应性鉴别》（GB 5085.5）。

（9）《危险废物鉴别标准　毒性物质含量鉴别》（GB 5085.6）。

（10）《危险废物焚烧污染控制标准》（GB 18484）。

（11）《危险废物填埋污染控制标准》（GB 18598）。

（12）《固体废物鉴别标准　通则》（GB 34330）。

（13）《一般工业固体废物贮存和填埋污染控制标准》（GB 18599）。

（14）《危险废物管理计划和管理台账制定技术导则》（HJ 1259）。

（15）《危险废物鉴别技术规范》（HJ 298）。

（16）《危险废物收集　贮存　运输技术规范》（HJ 2025）。

（17）《废铅蓄电池处理污染控制技术规范》（HJ 519）。

（18）《环境保护图形标志　固体废物贮存（处置）场》（GB 15562.2）。

（19）《废矿物油回收利用污染控制技术规范》（HJ 607）。

（20）《危险废物识别标志设置技术规范》（HJ 1276）。

3. 管理指南

（1）《废烟气脱硝催化剂危险废物经营许可审查指南（试行）》（环境保护部公告2014年第54号）。

（2）《危险废物产生单位管理计划制定指南》（环境保护部公告2016年第7号）。

（3）《危险废物经营单位审查和许可指南》（环境保护部公告2016年第65号修订）。

（4）《建设项目危险废物环境影响评价指南》（环境保护部公告2017年第43号）。

（5）《废铅蓄电池危险废物经营单位审查和许可指南（试行）》（生态环境部公告2020年第30号）。

4. 其他规范性文件

（1）《危险废物污染防治技术政策》（环发〔2001〕199号）。

（2）《关于提升危险废物环境监管能力、利用处置能力和环境风险防范能力的指导意见》（环固体〔2019〕92号）。

（3）《关于推进危险废物环境管理信息化有关工作的通知》（环办固体函〔2020〕733号）。

（4）《关于印发强化危险废物监管和利用处置能力改革实施方案的通知》（国办函〔2021〕47号）。

第二节 危险废物相关法律法规规定

一、《中华人民共和国环境保护法》有关规定

第四十九条 禁止将不符合农用标准和环境保护标准的固体废物、废水施入农田。

第五十一条 各级人民政府应当统筹城乡建设污水处理设施及配套管网，固体废物的收集、运输和处置等环境卫生设施，危险废物集中处置设施、场所以及其他环境保护公共设施，并保障其正常运行。

二、《中华人民共和国固体废物污染环境防治法》有关规定

《中华人民共和国固体废物污染环境防治法》于1995年10月30日由第八届全国人民代表大会常务委员会第十六次会议通过，自1996年4月1日起施行，2004年、2013年、2015年、2016年分别进行了修订。2020年4月29日第十三届全国人民代表大会常务委员会第十七次会议第二次修订，自2020年9月1日起实施。

1. 通用规定

第十七条 建设产生、贮存、利用、处置固体废物的项目，应当依法进行环境影响评价，并遵守国家有关建设项目环境保护管理的规定。

第十八条 建设项目的环境影响评价文件确定需要配套建设的固体废物污染环境防治设施，应当与主体工程同时设计、同时施工、同时投入使用。

建设项目的初步设计应当按照环境保护设计规范的要求，将固体废物污染环境防治内容纳入环境影响评价文件，落实防治固体废物污染环境和破坏生态的措施以及固体废物污染环境防治设施投资概算。

建设单位应当依照有关法律法规的规定，对配套建设的固体废物污染环境防治设施进行验收，编制验收报告，并向社会公开。

第十九条 收集、贮存、运输、利用、处置固体废物的单位和其他生产经营者，应当加强对相关设施、设备和场所的管理和维护，保证其正常运行和使用。

第二十条 产生、收集、贮存、运输、利用、处置固体废物的单位和其他生产经营者，应当采取防扬散、防流失、防渗漏或者其他防止污染环境的措施，不得擅自倾倒、堆放、丢弃、遗撒固体废物。

禁止任何单位或者个人向江河、湖泊、运河、渠道、水库及其最高水位线以下的滩地和岸坡以及法律法规规定的其他地点倾倒、堆放、贮存固体废物。

第二十一条 在生态保护红线区域、永久基本农田集中区域和其他需要特别保护的区域内，禁止建设工业固体废物、危险废物集中贮存、利用、处置的设施、场所和

生活垃圾填埋场。

第二十二条　转移固体废物出省、自治区、直辖市行政区域贮存、处置的，应当向固体废物移出地的省、自治区、直辖市人民政府生态环境主管部门提出申请。移出地的省、自治区、直辖市人民政府生态环境主管部门应当及时商经接受地的省、自治区、直辖市人民政府生态环境主管部门同意后，在规定期限内批准转移该固体废物出省、自治区、直辖市行政区域。未经批准的，不得转移。

转移固体废物出省、自治区、直辖市行政区域利用的，应当报固体废物移出地的省自治区、直辖市人民政府生态环境主管部门备案。移出地的省、自治区、直辖市人民政府生态环境主管部门应当将备案信息通报接受地的省、自治区、直辖市人民政府生态环境主管部门。

第二十三条　禁止中华人民共和国境外的固体废物进境倾倒、堆放、处置。

第二十四条　国家逐步实现固体废物零进口，由国务院生态环境主管部门会同国务院商务、发展改革、海关等主管部门组织实施。

第二十五条　海关发现进口货物疑似固体废物的，可以委托专业机构开展属性鉴别，并根据鉴别结论依法管理。

2. 工业固体废物有关规定

第三十六条　产生工业固体废物的单位应当建立健全工业固体废物产生、收集、贮存、运输、利用、处置全过程的污染环境防治责任制度，建立工业固体废物管理台账，如实记录产生工业固体废物的种类、数量、流向、贮存、利用、处置等信息，实现工业固体废物可追溯、可查询，并采取防治工业固体废物污染环境的措施。

禁止向生活垃圾收集设施中投放工业固体废物。

第三十七条　产生工业固体废物的单位委托他人运输、利用、处置工业固体废物的，应当对受托方的主体资格和技术能力进行核实，依法签订书面合同，在合同中约定污染防治要求。

受托方运输、利用、处置工业固体废物，应当依照有关法律法规的规定和合同约定履行污染防治要求，并将运输、利用、处置情况告知产生工业固体废物的单位。

产生工业固体废物的单位违反本条第一款规定的，除依照有关法律法规的规定予以处罚外，还应当与造成环境污染和生态破坏的受托方承担连带责任。

第三十八条　产生工业固体废物的单位应当依法实施清洁生产审核，合理选择和利用原材料、能源和其他资源，采用先进的生产工艺和设备，减少工业固体废物的产生量，降低工业固体废物的危害性。

第三十九条　产生工业固体废物的单位应当取得排污许可证。排污许可的具体办法和实施步骤由国务院规定。

产生工业固体废物的单位应当向所在地生态环境主管部门提供工业固体废物的种类、数量、流向、贮存、利用、处置等有关资料，以及减少工业固体废物产生、促进综合利用的具体措施，并执行排污许可管理制度的相关规定。

第四十条 产生工业固体废物的单位应当根据经济、技术条件对工业固体废物加以利用；对暂时不利用或者不能利用的，应当按照国务院生态环境等主管部门的规定建设贮存设施、场所，安全分类存放，或者采取无害化处置措施。贮存工业固体废物应当采取符合国家环境保护标准的防护措施。建设工业固体废物贮存、处置的设施、场所，应当符合国家环境保护标准。

第四十一条 产生工业固体废物的单位终止的，应当在终止前对工业固体废物的贮存、处置的设施、场所采取污染防治措施，并对未处置的工业固体废物作出妥善处置，防止污染环境。

产生工业固体废物的单位发生变更的，变更后的单位应当按照国家有关环境保护的规定对未处置的工业固体废物及其贮存、处置的设施、场所进行安全处置或者采取有效措施保证该设施、场所安全运行。变更前当事人对工业固体废物及其贮存、处置的设施、场所的污染防治责任另有约定的，从其约定；但是，不得免除当事人的污染防治义务。

3. 生活垃圾有关规定

第五十五条 建设生活垃圾处理设施、场所，应当符合国务院生态环境主管部门和国务院住房城乡建设主管部门规定的环境保护和环境卫生标准。

鼓励相邻地区统筹生活垃圾处理设施建设，促进生活垃圾处理设施跨行政区域共建共享。

禁止擅自关闭、闲置或者拆除生活垃圾处理设施、场所；确有必要关闭、闲置或者拆除的，应当经所在地的市、县级人民政府环境卫生主管部门商所在地生态环境主管部门同意后核准，并采取防止污染环境的措施。

4. 电器电子、电池类产品有关规定

第六十六条 国家建立电器电子、铅蓄电池、车用动力电池等产品的生产者责任延伸制度。

电器电子、铅蓄电池、车用动力电池等产品的生产者应当按照规定以自建或者委托等方式建立与产品销售量相匹配的废旧产品回收体系，并向社会公开，实现有效回收和利用。

国家鼓励产品的生产者开展生态设计，促进资源回收利用。

第六十七条 国家对废弃电器电子产品等实行多渠道回收和集中处理制度。

禁止将废弃机动车船等交由不符合规定条件的企业或者个人回收、拆解。拆解、利用、处置废弃电器电子产品、废弃机动车船等，应当遵守有关法律法规的规定，采取防止污染环境的措施。

5. 污泥有关规定

第七十一条 城镇污水处理设施维护运营单位或者污泥处理单位应当安全处理污泥，保证处理后的污泥符合国家有关标准，对污泥的流向、用途、用量等进行跟踪、记录，并报告城镇排水主管部门、生态环境主管部门。

县级以上人民政府城镇排水主管部门应当将污泥处理设施纳入城镇排水与污水处理规划，推动同步建设污泥处理设施与污水处理设施，鼓励协同处理，污水处理费征收标准和补偿范围应当覆盖污泥处理成本和污水处理设施正常运营成本。

第七十二条 禁止擅自倾倒、堆放、丢弃、遗撒城镇污水处理设施产生的污泥和处理后的污泥。

6. 危险废物有关规定

第七十五条 国务院生态环境主管部门应当会同国务院有关部门制定国家危险废物名录，规定统一的危险废物鉴别标准、鉴别方法、识别标志和鉴别单位管理要求。国家危险废物名录应当动态调整。

国务院生态环境主管部门根据危险废物的危害特性和产生数量，科学评估其环境风险，实施分级分类管理，建立信息化监管体系，并通过信息化手段管理、共享危险废物转移数据和信息。

第七十六条 省、自治区、直辖市人民政府应当组织有关部门编制危险废物集中处置设施、场所的建设规划，科学评估危险废物处置需求，合理布局危险废物集中处置设施、场所，确保本行政区域的危险废物得到妥善处置。

编制危险废物集中处置设施、场所的建设规划，应当征求有关行业协会、企业事业单位、专家和公众等方面的意见。

相邻省、自治区、直辖市之间可以开展区域合作，统筹建设区域性危险废物集中处置设施、场所。

第七十七条 对危险废物的容器和包装物以及收集、贮存、运输、利用、处置危险废物的设施、场所，应当按照规定设置危险废物识别标志。

第七十八条 产生危险废物的单位，应当按照国家有关规定制定危险废物管理计划；建立危险废物管理台账，如实记录有关信息，并通过国家危险废物信息管理系统向所在地生态环境主管部门申报危险废物的种类、产生量、流向、贮存、处置等有关资料。

前款所称危险废物管理计划应当包括减少危险废物产生量和降低危险废物危害性的措施以及危险废物贮存、利用、处置措施。危险废物管理计划应当报产生危险废物的单位所在地生态环境主管部门备案。

产生危险废物的单位已经取得排污许可证的，执行排污许可管理制度的规定。

第七十九条 产生危险废物的单位，应当按照国家有关规定和环境保护标准要求贮存、利用、处置危险废物，不得擅自倾倒、堆放。

第八十条 从事收集、贮存、利用、处置危险废物经营活动的单位，应当按照国家有关规定申请取得许可证。许可证的具体管理办法由国务院制定。禁止无许可证或者未按照许可证规定从事危险废物收集、贮存、利用、处置的经营活动。

禁止将危险废物提供或者委托给无许可证的单位或者其他生产经营者从事收集、贮存、利用、处置活动。

第八十一条 收集、贮存危险废物，应当按照危险废物特性分类进行。禁止混合收集、贮存、运输、处置性质不相容而未经安全性处置的危险废物。

贮存危险废物应当采取符合国家环境保护标准的防护措施。禁止将危险废物混入非危险废物中贮存。

从事收集、贮存、利用、处置危险废物经营活动的单位，贮存危险废物不得超过1年；确需延长期限的，应当报经颁发许可证的生态环境主管部门批准；法律、行政法规另有规定的除外。

第八十二条 转移危险废物的，应当按照国家有关规定填写、运行危险废物电子或者纸质转移联单。

跨省、自治区、直辖市转移危险废物的，应当向危险废物移出地的省、自治区、直辖市人民政府生态环境主管部门申请。移出地省、自治区、直辖市人民政府生态环境主管部门应当及时商经接受地的省、自治区、直辖市人民政府生态环境主管部门同意后，在规定期限内批准转移该危险废物，并将批准信息通报相关省、自治区、直辖市人民政府生态环境主管部门和交通运输主管部门。未经批准的，不得转移。

危险废物转移管理应当全程管控、提高效率，具体办法由国务院生态环境主管部门会同国务院交通运输主管部门和公安部门制定。

第八十三条 运输危险废物，应当采取防止污染环境的措施，并遵守国家有关危险货物运输管理的规定。

禁止将危险废物与旅客在同一运输工具上载运。

第八十四条 收集、贮存、运输、利用、处置危险废物的场所、设施、设备和容器包装物及其他物品转作他用时，应当按照国家有关规定经过消除污染处理，方可使用。

第八十五条 产生、收集、贮存、运输、利用、处置危险废物的单位，应当依法制定意外事故的防范措施和应急预案，并向所在地生态环境主管部门和其他负有固体废物污染环境防治监督管理职责的部门备案；生态环境主管部门和其他负有固体废物污染环境防治监督管理职责的部门应当进行检查。

第八十六条　因发生事故或者其他突发性事件，造成危险废物严重污染环境的单位，应当立即采取有效措施消除或者减轻对环境的污染危害，及时通报可能受到污染危害的单位和居民，并向所在地生态环境主管部门和有关部门报告，接受调查处理。

第八十七条　在发生或者有证据证明可能发生危险废物严重污染环境、威胁居民生命财产安全时，生态环境主管部门或者其他负有固体废物污染环境防治监督管理职责的部门应当立即向本级人民政府和上一级人民政府有关部门报告，由人民政府采取防止或者减轻危害的有效措施。有关人民政府可以根据需要责令停止导致或者可能导致环境污染事故的作业。

第八十八条　重点危险废物集中处置设施、场所退役前，运营单位应当按照国家有关规定对设施、场所采取污染防治措施。退役的费用应当预提，列入投资概算或者生产成本，专门用于重点危险废物集中处置设施、场所的退役。具体提取和管理办法，由国务院财政部门、价格主管部门会同国务院生态环境主管部门规定。

第八十九条　禁止经中华人民共和国过境转移危险废物。

7. 医疗废物污有关规定

第九十条　医疗废物按照国家危险废物名录管理。县级以上地方人民政府应当加强医疗废物集中处置能力建设。

县级以上人民政府卫生健康、生态环境等主管部门应当在各自职责范围内加强对医疗废物收集、贮存、运输、处置的监督管理，防止危害公众健康、污染环境。

医疗卫生机构应当依法分类收集本单位产生的医疗废物，交由医疗废物集中处置单位处置。医疗废物集中处置单位应当及时收集、运输和处置医疗废物。

医疗卫生机构和医疗废物集中处置单位，应当采取有效措施，防止医疗废物流失、泄漏、渗漏、扩散。

第三节　危险废物相关法律责任

一、《中华人民共和国固体废物污染环境防治法》相关规定

第一百一十二条　违反本法规定，有下列行为之一，由生态环境主管部门责令改正，处以罚款，没收违法所得；情节严重的，报经有批准权的人民政府批准，可以责令停业或者关闭：

（1）未按照规定设置危险废物识别标志的；

（2）未按照国家有关规定制定危险废物管理计划或者申报危险废物有关资料的；

（3）擅自倾倒、堆放危险废物的；

（4）将危险废物提供或者委托给无许可证的单位或者其他生产经营者从事经营活动的；

（5）未按照国家有关规定填写、运行危险废物转移联单或者未经批准擅自转移危险废物的；

（6）未按照国家环境保护标准储存、利用、处置危险废物或者将危险废物混入非危险废物中储存的；

（7）未经安全性处置，混合收集、储存、运输、处置具有不相容性质的危险废物的；

（8）将危险废物与旅客在同一运输工具上载运的；

（9）未经消除污染处理，将收集、储存、运输、处置危险废物的场所、设施、设备和容器、包装物及其他物品转作他用的；

（10）未采取相应防范措施，造成危险废物扬散、流失、渗漏或者其他环境污染的；

（11）在运输过程中沿途丢弃、遗撒危险废物的；

（12）未制定危险废物意外事故防范措施和应急预案的；

（13）未按照国家有关规定建立危险废物管理台账并如实记录的。

有以上第一项、第二项、第五项、第六项、第七项、第八项、第九项、第十二项、第十三项行为之一，处十万元以上一百万元以下的罚款；有前款第三项、第四项、第十项、第十一项行为之一，处所需处置费用三倍以上五倍以下的罚款，所需处置费用不足二十万元的，按二十万元计算。

第一百一十三条 违反本法规定，危险废物产生者未按照规定处置其产生的危险废物被责令改正后拒不改正的，由生态环境主管部门组织代为处置，处置费用由危险废物产生者承担；拒不承担代为处置费用的，处代为处置费用一倍以上三倍以下的罚款。

第一百一十八条 违反本法规定，造成固体废物污染环境事故的，除依法承担赔偿责任外，由生态环境主管部门依照本条第二款的规定处以罚款，责令限期采取治理措施；造成重大或者特大固体废物污染环境事故的，还可以报经有批准权的人民政府批准，责令关闭。

造成一般或者较大固体废物污染环境事故的，按照事故造成的直接经济损失的一倍以上三倍以下计算罚款；造成重大或者特大固体废物污染环境事故的，按照事故造成的直接经济损失的三倍以上五倍以下计算罚款，并对法定代表人、主要负责人、直接负责的主管人员和其他责任人员处上一年度从本单位取得的收入百分之五十以下的罚款。

第一百二十条 违反本法规定，有下列行为之一，尚不构成犯罪的，由公安机关对法定代表人、主要负责人、直接负责的主管人员和其他责任人员处十日以上十五日以下的拘留；情节较轻的，处五日以上十日以下的拘留：

（1）擅自倾倒、堆放、丢弃、遗撒固体废物，造成严重后果的；

（2）在生态保护红线区域、永久基本农田集中区域和其他需要特别保护的区域内，建设工业固体废物、危险废物集中储存、利用、处置的设施、场所和生活垃圾填埋场的；

（3）将危险废物提供或者委托给无许可证的单位或者其他生产经营者堆放、利用、处置的；

（4）无许可证或者未按照许可证规定从事收集、储存、利用、处置危险废物经营活动的；

（5）未经批准擅自转移危险废物的；

（6）未采取防范措施，造成危险废物扬散、流失、渗漏或者其他严重后果的。

二、《中华人民共和国刑法》有关规定

违反国家规定，向土地、水体、大气排放、倾倒或者处置有放射性的废物、含传染病病原体的废物、有毒物质或者其他危险废物，造成重大环境污染事故，致使公私财产遭受重大损失或者人身伤亡的严重后果的，处三年以下有期徒刑或者拘役，并处或者单处罚金；后果特别严重的，处三年以上七年以下有期徒刑，并处罚金。

第三章

电力企业危险（固体）废物管理基础知识

固体废物、危险废物和危险化学品有联系也有区别。危险废物是指具有危险特性的固体废物。危险化学品是指具有毒害、腐蚀、爆炸、燃烧、助燃等性质，对人体、设施、环境具有危害的剧毒化学品和其他化学品。危险化学品虽然也有危险特性，但是有实用价值的危险化学品不属于危险废物，如工厂的生产原料，实验室的化学试剂等。废弃的危险化学品属于危险废物，根据《中华人民共和国废弃危险化学品污染环境防治法》按照危险废物进行管理。

第一节　固体废物相关基础知识

一、相关术语和定义

（一）固体废物的定义

《中华人民共和国固体废物污染环境防治法》规定，固体废物是指在生产、生活和其他活动中产生的丧失原有利用价值或者虽未丧失利用价值但被抛弃或者放弃的固态、半固态和置于容器中的气态的物品、物质以及法律、行政法规规定纳入固体废物管理的物品、物质。经无害化加工处理，并且符合强制性国家产品质量标准，不会危害公众健康和生态安全，或者根据固体废物鉴别标准和鉴别程序认定为不属于固体废物的除外。

由上述规定可见，固体废物来源十分广泛，种类也十分繁杂。对于固体废物的分类不尽相同，一般地，可以把固体废物大致分为工业固体废物、农业固体废物和生活垃圾。

农业固体废物是指在农业生产活动中产生的固体废物。

生活垃圾是指在日常生活中或者为日常生活提供服务的活动中产生的固体废物，以及法律、行政法规规定视为生活垃圾的固体废物。

工业固体废物是指在工业生产活动中产生的固体废物。

工业固体废物按其特性可以分为一般固体废物和危险废物。

通常，电力企业涉及有工业固体废物和生活垃圾。

（二）一般工业固体废物的定义

通常，一般工业固体废物是指未被列入《国家危险废物名录》或者根据国家规定的《危险废物鉴别标准》（GB 5085）和《固体废物系列测定标准》（GB/T 15555）鉴别方法判定不具有危险特性的工业固体废物。例如粉煤灰、煤矸石、炉渣等。

《一般工业固体废物贮存和填埋污染控制标准》（GB 18599）中对一般工业固体废物的定义，是指企业在工业生产过程中产生且不属于危险废物的工业固体废物，并将一般工业固体废物又分为第Ⅰ类和第Ⅱ类工业固体废物。

第Ⅰ类工业固体废物是指按照《固体废物　浸出毒性浸出方法　水平振荡法》（HJ 557）规定方法获得的浸出液中，任何一种特征污染物浓度均未超过《污水综合排放标准》（GB 8978）最高允许排放浓度（第二类污染物最高允许排放浓度按照一级标准执行），且pH值在6～9范围之内的一般工业固体废物。

第Ⅱ类工业固体废物是指按照《固体废物　浸出毒性浸出方法　水平振荡法》（HJ 557）规定方法获得的浸出液中，有一种或一种以上的特征污染物浓度超过《污水综合排放标准》（GB 8978）最高允许排放浓度（第二类污染物最高允许排放浓度按照一级标准执行），或pH值在6～9范围之外的一般工业固体废物。

二、固体废物的鉴别

（一）《固体废物鉴别标准　通则》

《中华人民共和国固体废物污染环境防治法》中对"固体废物"进行了明确的定义，但实际管理工作中依然存在一些模糊情况，是否属于固体废物需要清晰界定。《固体废物鉴别标准　通则》（GB 34330）对此进行了规定，用以判断物质、物品是否属于固体废物，是否纳入《中华人民共和国固体废物污染环境防治法》的管辖范围。

GB 34330规定了四方面内容：

（1）依据产生来源的固体废物鉴别准则；
（2）在利用和处置过程中的固体废物鉴别准则；
（3）不作为固体废物管理的物质；
（4）不作为液态废物管理的物质。

GB 34330不适用于放射性废物的鉴别，不适用于固体废物的分类，也不适用于有专用固体废物鉴别标准的物质的固体废物鉴别。

（二）依据产生来源的固体废物鉴别准则

从产生来源判断，属于"固体废物"的有以下四类。

1. 丧失原有使用价值的物质

具体包括：

（1）不符合产品标准（规范），或者因为质量原因，不能在市场出售、流通或者不能按照原用途使用的物质，如不合格品、残次品、废品等。

（2）超过质量保证期，不能在市场出售、流通或者不能按照原用途使用的物质。

（3）因为沾染、掺入、混杂无用或有害物质使其质量无法满足使用要求，不能在市场出售、流通或者不能按照原用途使用的物质。

（4）在消费或使用过程中产生的，因为使用寿命到期而不能继续按照原用途使用的物质。

（5）执法机关查处没收的需报废、销毁等无害化处理的物质，包括但不限于假冒伪劣产品、侵犯知识产权产品、毒品等禁用品。

（6）以处置废物为目的生产的，不存在市场需求或不能在市场上出售、流通的物质。

（7）因为自然灾害、不可抗力因素和人为灾难因素造成损坏而无法继续按照原用途使用的物质。

（8）因丧失原有功能而无法继续使用的物质。

（9）由于其他原因而不能在市场出售、流通或者不能按照原用途使用的物质。

2. 生产过程中产生的副产物

具体包括：

（1）产品加工和制造过程中产生的下脚料、边角料、残余物质等。

（2）在物质提取、提纯、电解、电积、净化、改性、表面处理以及其他处理过程中产生的残余物质。

（3）在物质合成、裂解、分馏、蒸馏、溶解、沉淀以及其他过程中产生的残余物质。

（4）金属矿、非金属矿和煤炭开采、选矿过程中产生的废石、尾矿、煤矸石等。

（5）石油、天然气、地热开采过程中产生的钻井泥浆、废压裂液、油泥或油泥砂油脚和油田溅溢物等。

（6）火力发电厂锅炉、其他工业和民用锅炉、工业窑炉等热能或燃烧设施中，燃料燃烧产生的燃煤炉渣等残余物质。

（7）在设施设备维护和检修过程中，从炉窑、反应釜、反应槽、管道、容器以及其他设施设备中清理出的残余物质和损毁物质。

（8）在物质破碎、粉碎、筛分、碾磨、切割、包装等加工处理过程中产生的不能直接作为产品或原材料或作为现场返料的回收粉尘、粉末。

（9）在建筑、工程等施工和作业过程中产生的报废料、残余物质等建筑废物。

（10）畜禽和水产养殖过程中产生的动物粪便、病害动物尸体等。

（11）农业生产过程中产生的作物秸秆、植物枝叶等农业废物。

（12）教学、科研、生产、医疗等实验过程中，产生的动物尸体等实验室废弃物质。

（13）其他生产过程中产生的副产物。

3. 环境治理和污染控制过程中产生的物质

具体包括：

（1）烟气和废气净化、除尘处理过程中收集的烟尘、粉尘，包括粉煤灰。

（2）烟气脱硫产生的脱硫石膏和烟气脱硝产生的废脱硝催化剂。

（3）煤气净化产生的煤焦油。

（4）烟气净化过程中产生的副产硫酸或盐酸。

（5）水净化和废水处理产生的污泥及其他废弃物质。

（6）废水或废液（包括固体废物填埋场产生的渗滤液）处理产生的浓缩液。

（7）化粪池污泥、厕所粪便。

（8）固体废物焚烧炉产生的飞灰、底渣等灰渣。

（9）堆肥生产过程中产生的残余物质。

（10）绿化和园林管理中清理产生的植物枝叶。

（11）河道、沟渠、湖泊、航道、浴场等水体环境中清理出的漂浮物和疏浚污泥。

（12）烟气、臭气和废水净化过程中产生的废活性炭、过滤器滤膜等过滤介质。

（13）在污染地块修复、处理过程中，采用填埋、焚烧、水泥窑协同处置，或者生产砖、瓦、筑路材料等其他建筑材料的方式处置或利用的污染土壤。

（14）在其他环境治理和污染修复过程中产生的各类物质。

4. 其他

具体包括：

（1）法律禁止使用的物质。

（2）国务院生态环境主管部门认定为固体废物的物质。

（三）在利用和处置过程中的固体废物鉴别准则

主要包括两种情形：① 在固体废物利用和处置过程中，仍然属于固体废物；② 在满足一定条件下，不作为固体废物，按照相应的产品管理。

（1）在任何条件下，固体废物按照以下任何一种方式利用或处置时，仍然作为固体废物管理。

1）以土壤改良、地块改造、地块修复和其他土地利用方式直接施用于土地或生产施用于土地的物质（包括堆肥），以及生产筑路材料。

2）焚烧处置（包括获取热能的焚烧和垃圾衍生燃料的焚烧），或用于生产燃料，或包含于燃料中。

3）填埋处置。

4）倾倒、堆置。

5）国务院生态环境主管部门认定的其他处置方式。

（2）利用固体废物生产的产物同时满足下述条件的，不作为固体废物管理，按照相应的产品管理（按照前款进行利用或处置的除外）。

1）符合国家、地方制定或行业通行的被替代原料生产的产品质量标准。

2）符合相关国家污染物排放（控制）标准或技术规范要求，包括该产物生产过程中排放到环境中的有害物质限值和该产物中有害物质的含量限值。

当没有国家污染控制标准或技术规范时，该产物中所含有害成分含量不高于利用被替代原料生产的产品中的有害成分含量，并且在该产物生产过程中，排放到环境中的有害物质浓度不高于利用所替代原料生产产品过程中排放到环境中的有害物质浓度，当没有被替代原料时，不考虑该条件。

3）有稳定、合理的市场需求。

（四）不作为固体废物管理的物质

（1）以下物质不作为固体废物管理：

1）任何不需要修复和加工即可用于其原始用途的物质，或者在产生点经过修复和加工后满足国家、地方制定或行业通行的产品质量标准并且用于其原始用途的物质。

2）不经过贮存或堆积过程，而在现场直接返回到原生产过程或返回其产生过程的物质。

3）修复后作为土壤用途使用的污染土壤。

4）供实验室化验分析用或科学研究用固体废物样品。

（2）按照以下方式进行处置后的物质，不作为固体废物管理：

1）金属矿、非金属矿和煤炭采选过程中直接留在或返回到采空区的符合《一般工业固体废物贮存和填埋污染控制标准》（GB 18599）中第Ⅰ类一般工业固体废物要求的采矿废石、尾矿和煤矸石。但是带入除采矿废石、尾矿和煤矸石以外的其他污染物质的除外。

2）工程施工中产生的按照法规要求或国家标准要求就地处置的物质。

（3）国务院生态环境主管部门认定不作为固体废物管理的物质。

（五）不作为液态废物管理的物质

具体包括：

（1）满足相关法规和排放标准要求可排入环境水体或者市政污水管网和处理设施的废水、污水。

（2）经过物理处理、化学处理、物理化学处理和生物处理等废水处理工艺处理后，可以满足向环境水体或市政污水管网和处理设施排放的相关法规和排放标准要求的废水、污水。

（3）废酸、废碱中和处理后产生的满足前述要求的废水。

三、固体废物污染防治原则

（一）《中华人民共和国固体废物污染环境防治法》中的规定

第四条 固体废物污染环境防治坚持减量化、资源化和无害化的原则。

任何单位和个人都应当采取措施，减少固体废物的产生量，促进固体废物的综合利用，降低固体废物的危害性。

第五条 固体废物污染环境防治坚持污染担责的原则，产生、收集、贮存、运输、利用、处置固体废物的单位和个人，应当采取措施，防止或者减少固体废物对环境的污染，对所造成的环境污染依法承担责任。

第六条 国家推行生活垃圾分类制度。生活垃圾分类坚持政府推动、全民参与、城乡统筹、因地制宜、简便易行的原则。

（二）固体废物污染防治的原则

根据《中华人民共和国固体废物污染环境防治法》的有关规定，固体废物污染防治原则主要有以下四项。

1."减量化、资源化、无害化"原则

对固体废物实行减量化、资源化和无害化是防治固体废物污染环境的重要原则，简称"三化"原则。国家对固体废物污染环境的防治，实行减少固体废物的产生量和危害性、充分合理利用固体废物和无害化处置固体废物的原则，促进清洁生产和循环经济发展。国家采取有利于固体废物综合利用活动的经济、技术政策和措施，对固体废物实行充分回收和合理利用。国家鼓励、支持采取有利于保护环境的集中处置固体废物的措施，促进固体废物污染环境防治产业发展。

（1）危险废物的减量化。是指通过采用合适的管理和技术手段减少危险废物的产生量和危害性。如通过实施清洁生产，合理选择和利用原材料、能源和其他资源，采用先进的生产工艺和设备，从源头上减少危险废物的产生量和危害性。

（2）危险废物的资源化。是指通过回收、加工、循环利用、交换等方式，对固体废物进行综合利用，使之转化为可利用的二次原料和再生材料。

（3）危险废物的无害化。是指对已产生但无法或暂时尚不能综合利用的危险废物，经过物理、化学或生物方法，进行稳定化，以防止并减少危险废物的污染危害。通常所采用的危险废物无害化方式包括焚烧和填埋。

2. 全过程管理的原则

《中华人民共和国固体废物污染环境防治法》有关条款对固体废物从产生、收集、贮存、运输、利用直到最终处置各个环节都有管理规定和要求，实际上就是要对固体废物从产生、收集、贮存、运输、利用直到最终处置实行全过程管理。

3. 分类管理的原则

鉴于固体废物的成分、性质和危险性存在较大差异，所以，在管理上必须采取分类管理的方法，针对不同的固体废物制定不同的对策或措施。防治工业固体废物、生活垃圾以及危险废物三类固体废物造成对环境的污染。其中对工业固体废物、生活垃圾的污染环境防治采取一般性的管理措施，而对危险废物则规定采取严格的管理措施。

4. 污染者负责的原则

国家对固体废物污染环境防治实行污染者依法负责的原则。产品的生产者、销售者、进口者和使用者对其产生的固体废物依法承担污染防治责任。

第二节　危险废物相关基础知识

一、危险废物的定义

危险废物泛指除放射性废物以外，具有毒性、易燃性、反应性、腐蚀性、爆炸性、传染性，可能对人类的生活环境产生危害的废物。

根据《中华人民共和国固体废物污染环境防治法》《危险废物鉴别标准　通则》有关规定，危险废物是指列入《国家危险废物名录》或者根据国家规定的危险废物鉴别标准和鉴别方法认定的具有危险特性的固体废物。

《国家危险废物名录》是判别哪些固体废物属于危险废物的重要依据。根据《中华人民共和国固体废物污染环境防治法》有关规定，国务院生态环境主管部门应当会同国务院有关部门制定《国家危险废物名录》，规定统一的危险废物鉴别标准、鉴别方法、识别标志和鉴别单位管理要求。《国家危险废物名录》是动态调整的。列入《国家危险废物名录（2021版）》（生态环境部、国家发展和改革委员会、公安部、交通运输部、国家卫生健康委员会部令第15号）的危险废物共分为46类（HW01~40，HW45~50）。

二、危险废物的特性和危害

（一）危险废物的特性

根据《国家危险废物名录》，危险废物的主要特性有：

（1）腐蚀性（Corrosivity），如废酸、废碱等。

（2）毒性（Toxicity），如含重金属废物等。

（3）易燃性（Ignitability），如废油、废有机溶剂等。

（4）反应性（Reactivity），如含铬废物等。

（5）感染性（Infectivity），如医院医疗废物等。

1. 危险废物的腐蚀性

腐蚀性是指易于腐蚀或溶解组织、金属等物质，且具有酸性或碱性的性质。根据《危险废物鉴别标准 腐蚀性鉴别》（GB 5085.1）规定，符合下列条件之一的固体废物，属于腐蚀性危险废物。

（1）按照《固体废物 腐蚀性测定 玻璃电极法》（GB/T 15555.12）的规定制备的浸出液，pH ≥ 12.5，或者pH ≤ 2.0。

（2）在55℃条件下，按《优质碳素结构钢》（GB/T 699）中规定的20号钢材的腐蚀速率不小于6.35mm/年。

电力企业中常见的具有腐蚀性的危险废物是废硫酸、废盐酸等。

2. 危险废物的毒性

危险废物的毒性分为急性毒性和浸出毒性。

急性毒性是指机体（人或实验动物）一次（或24h内多次）接触外来化合物之后所引起的中毒甚至死亡的效应。

根据《危险废物鉴别标准 急性毒性初筛》（GB 5085.2）的规定，按照规定的试验方法，将下列危险废物定义为具备急性毒性特性的危险废物。

（1）经口摄取：固体的半数致死量LD_{50} ≤ 200mg/kg，液体的半数致死量LD_{50} ≤ 500mg/kg的废物。

（2）经皮肤接触：半数致死量LD_{50} ≤ 1000mg/kg的废物。

（3）蒸气、烟雾或粉尘吸入：半数致死浓度LC_{50} ≤ 10mg/L的废物。

浸出毒性是指固态的危险废物遇水浸沥，其中有害的物质迁移转化，污染环境，浸出的有害物质的毒性称为浸出毒性。

根据《危险废物鉴别标准　浸出毒性鉴别》（GB 5085.3）的规定，按照《固体废物浸出毒性浸出方法　硫酸硝酸法》（HJ/T 299）制备的固体废物浸出液中任何一种危害成分含量超过浸出毒性鉴别标准限值，则判定该固体废物是具有浸出毒性特征的危险废物。

电力企业中常见的具有毒性的危险废物是废弃的铅蓄电池、汞开关、废电路板等。

3. 危险废物的易燃性

易燃性是指易于着火和维持燃烧的性质。但是，木材和纸等废物不属于易燃性危险废物。按照《危险废物鉴别标准　易燃性鉴别》（GB 5085.4），下列固体废物应定义为易燃性危险废物：

（1）液态易燃性危险废物：闪点温度低于60℃（闭杯试验）的液体、液体混合物或含有固体物质的液体。

（2）固态易燃性危险废物：在标准温度和压力（25℃，101.3kPa）下因摩擦或自发性燃烧而起火，经点燃后能剧烈而持续地燃烧并产生危害的固态废物。

（3）气态易燃性危险废物：在20℃、101.3kPa状态下，在与空气的混合物中体积分数小于或等于13%时可点燃的气体，或者在该状态下，不论易燃下限如何，与空气混合，易燃范围的易燃上限与易燃下限之差大于或等于12个百分点的气体。

电力企业中常见的具有易燃性的危险废物是废矿物油等。

4. 危险废物的反应性

反应性是指易于发生爆炸或剧烈反应，或反应时会挥发有毒气体或烟雾的性质。根据《危险废物鉴别标准　反应性鉴别》（GB 5085.5）规定，符合下列任何条件之一的固体废物属于反应性危险废物。

（1）具有爆炸性质。

1）常温常压下不稳定，在无引爆条件下，易发生剧烈变化。

2）标准温度和压力下（25℃，101.3kPa），易发生爆轰或爆炸性分解反应。

3）受强起爆剂作用或在封闭条件下加热，能发生爆轰或爆炸反应。

（2）与水或酸接触产生易燃气体或有毒气体。

1）与水混合发生剧烈化学反应，并放出大量易燃气体和热量。

2）与水混合能产生足以危害人体健康或环境的有毒气体、蒸汽或烟雾。

3）在酸性条件下，每千克含氰化物废物分解产生大于或等于250mg氰化氢气体，或者每千克含硫化物废物分解产生大于或等于500mg硫化氢气体。

（3）废弃氧化剂或有机过氧化物。

1）极易引起燃烧或爆炸的废弃氧化剂。

2）对热、震动或摩擦极为敏感的含过氧基的废弃有机过氧化物。

电力企业中常见的具有反应性的危险废物是废药品、废酸液等。

5. 危险废物的感染性

感染性是指细菌、病毒、真菌、寄生虫等病原体，能够侵入人体引起的局部组织和全身性炎症反应的废物。

电力企业中常见的具有感染性的危险废物是废药品等。

（二）危险废物对生态环境的危害

1. 对生态环境的危害途径

危险废物是含有有机、无机等成分的化学混合物质，成分复杂多变，特别是其中所含的无机成分，一般不能被自然环境消纳而完全降解，例如含有毒重金属的危险废物。危险废物对生态环境的危害是多方面，主要通过以下途径对水体、大气和土壤造成污染。

（1）对水体的污染。危险废物随天然降水径流流入江、河、湖、海，污染地表水；飘入空中的细小颗粒，通入干、湿沉降落入地表水；若将危险废物直接排入江、河、湖、海或者通过打井排入地下水系，会造成更为严重的污染，且多为不可逆的。露天堆放和填埋的废物，其可溶性有害成分在降水的淋溶、渗透作用下经土壤渗入地下水。

（2）对大气的污染。危险废物本身蒸发、升华及有机废物被微生物分解而释放出的有害气体会直接污染大气；危险废物中的细颗粒、粉末随风飘逸，扩散到空气中，会造成大气粉尘污染；在危险废物不规范的运输、贮存、利用及处置过程中，产生的有害气体、粉尘也会直接或间接排放到大气中污染环境。

（3）对土壤的污染。危险废物的粉尘、颗粒随风飘落在土壤表面，而后进入土壤中污染土壤；液体、半固态危险废物在贮存过程中或抛弃后洒漏地面、渗入土壤，有害成分混入土壤中会继续迁移从而导致地下水污染或通过生物富集作用而进入食物链等。危险废物长期露天堆放时，其中的有害成分在地表径流和雨水的淋溶、渗透作用下，通过土壤孔隙向四周和纵深的土壤迁移。在这种迁移过程中，有害成分受到土壤的吸附，在固相中呈现不同程度的积累，渗滤水则发生迁移，从而导致土壤成分和土壤结构的变化，引起植物污染。

2. 危险废物对环境污染特点

根据危险废物具有腐蚀性、毒性、易燃性、反应性及感染性等特点，危险废物环境污染的特点主要有：

（1）复杂性。由于满足上述特点之一的固体废物即为危险废物，而且危险废物产生源涵盖生产生活的各个方面、各个领域，导致危险废物种类繁多，性质各异，其污染环境的过程可能会经过转化、代谢、富集等各种方式而变得非常复杂。

（2）滞后性。危险废物属于固体废物，以固态形式存在的有害物质向环境中的扩散速率相对比较缓慢，达到污染危害标准需要经过数年甚至数十年后才能显现出来，但一旦发生了环境的污染，所造成的损害是持续不断的，不会因为危险废物的停止排放而立即消除。

（3）不可恢复性。有些危险废物若处理处置不当或发生环境污染后，治理难度大、费用高或者现有技术无法治理，导致生态恢复缓慢或者无法恢复。

3. 危险废物对人体健康的危害

环境中的危险废物主要以大气、土壤、水为媒介，通过摄入、吸入、皮肤吸收而进入人体，对人体健康造成危害，包括"三致"作用（致癌、致畸、致突变）。危险废物对人体健康产生的危害主要从生物毒性、生物蓄积性和"三致"作用来表现。

（1）生物毒性。危险废物除了能直接作用于人和动物引起机体损伤表现出急性毒性外，在水的作用下，会溶解释放出影响生物体的有害成分，产生浸出毒性。

（2）生物蓄积性。有些危险废物被人和动物体吸收时，会在生物体内富集，使其在生物体内的浓度超过它在环境中的浓度，而产生出对人体更大的危害性。

（3）遗传变异性。有些毒性危险废物会引起脱氧核糖核酸或核糖核酸分子发生变化，产生致癌、致畸、致突变的严重影响。具有"三致"作用的有害物质种类较多，常见的有多环芳烃类、亚硝胺类、金属有机化合物、甲基汞、部分农药等。

第三节 危险废物的鉴别

危险废物的鉴别是一项严肃科学的事项，必须进行有依据地或权威性地鉴别。2019年，《危险废物鉴别标准 通则》（GB 5085.7—2019）和《危险废物鉴别技术规范》（HJ 298—2019）发布实施，是危险废物鉴别体系中的两项重要标准。

1.《危险废物鉴别标准 通则》

《危险废物鉴别标准 通则》规定了危险废物鉴别的程序和判别规则，是危险废物鉴别标准体系的基础。《危险废物鉴别技术规范》规定了危险废物鉴别过程样品采集、检测和判断等技术要求，是规范鉴别工作的基本准则。

这两项标准于2007年制定并首次发布，对规范危险废物鉴别和环境管理工作发挥了重要作用。但是，近年来随着危险废物规范化管理的进一步加强，全国各地有序开展危险废物鉴别工作，发现在鉴别工作中逐渐暴露出鉴别对象不明确、采样方法不具体、判定规则不够合理以及鉴别周期长、成本高等问题，已难以适应危险废物环境管理要求。因此，在2007版的基础上对危险废物鉴别标准进行修订和完善，以适应我国危险废物环境管理和鉴别的新需求。

《危险废物鉴别标准　通则》是国家危险废物鉴别标准的组成部分，规定了危险废物的鉴别程序和鉴别规则。国家危险废物鉴别标准规定了固体废物危险特性技术指标，危险特性符合标准规定的技术指标的固体废物属于危险废物，须依法按危险废物进行管理。国家危险废物鉴别标准由以下7个标准组成：

（1）《危险废物鉴别标准　通则》（GB 5085.7）。

（2）《危险废物鉴别标准　腐蚀性鉴别》（GB 5085.1）。

（3）《危险废物鉴别标准　急性毒性初筛》（GB 5085.2）。

（4）《危险废物鉴别标准　浸出毒性鉴别》（GB 5085.3）。

（5）《危险废物鉴别标准　易燃性鉴别》（GB 5085.4）。

（6）《危险废物鉴别标准　反应性鉴别》（GB 5085.5）。

（7）《危险废物鉴别标准　毒性物质含量鉴别》（GB 5085.6）。

《危险废物鉴别标准　通则》适用于生产、生活和其他活动中产生的固体废物的危险特性鉴别，适用于液态废物的鉴别，不适用于放射性废物鉴别。

2. 危险废物鉴别程序

一般地，危险废物的鉴别应按照以下程序进行：

（1）依据法律规定和《固体废物鉴别标准　通则》（GB 34330），判断待鉴别的物品、物质是否属于固体废物，不属于固体废物的，则不属于危险废物。

（2）经判断属于固体废物的，则首先依据《国家危险废物名录》鉴别。凡列入《国家危险废物名录》的固体废物，属于危险废物，不需要再进行危险特性鉴别。

（3）未列入《国家危险废物名录》，但不排除具有腐蚀性、毒性、易燃性、反应性的固体废物，依据GB 5085.1、GB 5085.2、GB 5085.3、GB 5085.4、GB 5085.5、GB 5085.6及HJ 298进行鉴别。凡具有腐蚀性、毒性、易燃性、反应性中一种或一种以上危险特性的固体废物，属于危险废物。

（4）对未列入《国家危险废物名录》且根据危险废物鉴别标准无法鉴别，但可能对人体健康或生态环境造成有害影响的固体废物，由国务院生态环境主管部门组织专家认定。

3. 危险废物混合后的判定规则

（1）具有毒性、感染性中一种或两种危险特性的危险废物与其他物质混合，导致危险特性扩散到其他物质中，混合后的固体废物属于危险废物。

（2）仅具有腐蚀性、易燃性、反应性中一种或一种以上危险特性的危险废物与其他物质混合，混合后的固体废物经鉴别不再具有危险特性的，不属于危险废物。

（3）危险废物与放射性废物混合，混合后的废物应按照放射性废物管理。

4. 危险废物利用处置后的判定规则

（1）仅具有腐蚀性、易燃性、反应性中一种或一种以上危险特性的危险废物利用过程和处置后产生的固体废物，经鉴别不再具有危险特性的，不属于危险废物。

（2）具有毒性危险特性的危险废物利用过程产生的固体废物，经鉴别不再具有危险特性的，不属于危险废物。除国家有关法规、标准另有规定的外，具有毒性危险特性的危险废物处置后产生的固体废物，仍属于危险废物。

（3）除国家有关法规、标准另有规定的外，具有感染性危险特性的危险废物利用处置后，仍属于危险废物。

5.《危险废物鉴别技术规范》

《危险废物鉴别技术规范》规定了固体废物的危险特性鉴别中样品的采集和检测，以及检测结果判断等过程的技术要求。该标准适用于生产、生活和其他活动中产生的固体废物的危险特性鉴别，包括环境事件涉及的固体废物的危险特性鉴别，适用于液态废物的鉴别，不适用于放射性废物鉴别。

《危险废物鉴别技术规范》对如下两种特殊情况下鉴别危险废物规定了技术要求：

（1）环境事件涉及的固体废物的危险特性鉴别技术要求。应根据所能收集的环境事件资料和现场状况，尽可能对固体废物的来源进行分析，识别固体废物的组成和种类，分类开展鉴别。

1）固体废物非法转移、倾倒、贮存、利用、处置等环境事件涉及的固体废物，可根据环境事件现场固体废物的外观形态、有效标识，以及现场可采用的检测手段的检测结果，对固体废物进行分类。

2）突发环境事件及其处理过程中产生的固体废物，应尽可能在清理之前根据事故过程污染物的扩散特征，或在清理过程中根据固体废物的污染物沾染情况，对固体废物的污染程度进行判断，并根据判断结果对固体废物进行分类。

（2）产生来源明确的固体废物的鉴别要求。

1）应首先依据《危险废物鉴别标准 通则》（GB 5085.7）第4.2条、第5章和第6章进行判断。

2）根据《危险废物鉴别技术规范》第8.2.1条不能判断属于危险废物，但可能具有危险特性的，应优先按《危险废物鉴别技术规范》第4章在产生该固体废物的生产工艺节点采样；如生产过程已终止，则采集企业贮存的同类固体废物。采集的样品按《危险废物鉴别技术规范》第6章和第7章进行检测和判断。

3）因环境事件处理或应急处置要求，可采集环境事件现场固体废物或依据《突发环境事件应急管理办法》已应急清理暂存的固体废物作为样品开展鉴别。

4）应根据固体废物的物质迁移、转化特征，以及环境事件现场的污染现状，综合分析固体废物的危险特性在转移、倾倒、贮存、利用、处置过程中发生的变化，按以下要求开展鉴别：

a）如危险特性未发生变化，或变化不足以对检测结果的判断造成影响，可按《危险废物鉴别技术规范》第 4 章相关要求采集现场样品，并按《危险废物鉴别技术规范》第 6 章和第 7 章进行检测和判断。

b）如不排除危险特性发生变化，且对检测结果的判断可能造成影响，应采集现场能够代表固体废物原始危险特性的样品，并按《危险废物鉴别技术规范》第 6 章和第 7 章进行检测和判断；如现场无法采集到能够代表固体废物原始危险特性的样品，应采集《危险废物鉴别技术规范》相关规定样品或可类比工艺项目的固体废物开展鉴别。

（3）产生来源不明确的固体废物鉴别要求。

1）应采集能够代表固体废物组成特性的样品，通过分析固体废物的主要物质组成和污染特性确定固体废物的产生工艺。

2）根据产生工艺，按《危险废物鉴别技术规范》第 8.2.1 条不能判断属于危险废物，但可能具有危险特性的，应采集环境事件现场固体废物样品或依据《突发环境事件应急管理办法》已应急清理暂存的固体废物，按《危险废物鉴别技术规范》第 8.2.4 条开展鉴别。

3）因环境事件处理或应急处置需要，可根据掌握的信息直接检测该固体废物可能具有的危险特性，根据检测结果依据《危险废物鉴别技术规范》第 7 章作出判断。有证据表明该固体废物可能属于《国家危险废物名录》中的危险废物，或固体废物危险特性已发生变化且可能影响检测结果判断的，应按《危险废物鉴别技术规范》第 8.3.1 条和第 8.3.2 条进行鉴别。

通常，危险废物的鉴别由专业机构按照技术规范开展鉴别工作，不需要电力企业自己进行鉴别。因此，关于危险废物鉴别的其他详细技术方法和要求，本书不作赘述，电力企业相关人员可参阅《危险废物鉴别技术规范》。

第四节 《国家危险废物名录》相关知识

1.《国家危险废物名录（2021版）》

《国家危险废物名录》是根据《中华人民共和国固体废物污染环境防治法》的有关规定而制定的一个明确危险废物的名录，是危险废物环境管理的技术基础和关键依据，自 1998 年首次发布实施以来，历经 2008 年和 2016 年 2 次修订，逐步完善，对我国危险废物环境管理发挥了积极作用。2021 年，国家发布实施了新版《国家危险废物名录

（2021版）》。

电力企业在危险废物管理中，判别所产生的固体废物是否属于危险废物，最直接的鉴别依据就是《国家危险废物名录》。电力企业危险废物从业人员应熟悉《国家危险废物名录》中的有关术语及相关规定。

《国家危险废物名录（2021版）》由正文、附表和附录三部分构成。其中，正文规定原则性要求，附表规定具体危险废物种类、名称和危险特性等，附录规定危险废物豁免管理要求。与2016版相比，2021版重点对三部分均进行了修改和完善：

（1）正文部分。增加了"第七条 本名录根据实际情况实行动态调整"的内容，删除了2016版《国家危险废物名录》中第三条和第四条规定。

（2）附表部分。主要对部分危险废物类别进行了增减、合并以及表述的修改。2021版《国家危险废物名录》共计列入467种危险废物，较2016版《国家危险废物名录》减少了12种。

（3）附录部分。新增豁免16个种类危险废物，豁免的危险废物共计达到32个种类。

《国家危险废物名录（2021版）》删除了2016版正文中医疗废物和废弃危险化学品相关条款（第三条和第四条），但并不是简单地删除，而是将有关内容进一步完善和细化后纳入《国家危险废物名录》附表中，更加科学和严谨。

（1）关于医疗废物。《中华人民共和国固体废物污染环境防治法》规定"医疗废物按照国家危险废物名录管理"。《国家危险废物名录（2021版）》不再简单规定"医疗废物属于危险废物"，而是在《国家危险废物名录（2021版）》附表中列出医疗废物有关种类，且规定"医疗废物分类按照《医疗废物分类目录》执行"。

（2）关于废弃危险化学品。

1）进一步明确了纳入危险废物环境管理的废弃危险化学品的范围。《危险化学品目录》中危险化学品并不是都具有环境危害特性，废弃危险化学品不能简单等同于危险废物，例如"液氧""液氮"等仅具有"加压气体"物理危险性的危险化学品。

2）进一步明确了废弃危险化学品纳入危险废物环境管理的要求。有些易燃易爆的危险化学品废弃后，其危险化学品属性并没有改变；危险化学品是否废弃，监管部门也难以界定。因此，《国家危险废物名录（2021版）》针对废弃危险化学品特别提出"被所有者申报废弃"，即危险化学品所有者应该向应急管理部门和生态环境部门申报废弃。

2.《国家危险废物名录》相关术语

为便于说明《国家危险废物名录》中相关术语，节选了部分内容，见表3-1。

表 3-1 《国家危险废物名录》（节选示意）

废物类别	行业来源	废物代码	危险废物	危险特性
HW08 废矿物油与含矿物油废物	非特定行业	900-203-08	使用淬火油进行表面硬化处理产生的废矿物油	T
		900-204-08	使用轧制油、冷却剂及酸进行金属轧制产生的废矿物油	T
		900-205-08	镀锡及焊锡回收工艺产生的废矿物油	T
		900-209-08	金属、塑料的定型和物理机械表面处理过程中产生的废石蜡和润滑油	T, I
		900-210-08	含油废水处理中隔油、气浮、沉淀等处理过程中产生的浮油、浮渣和污泥（不包括废水生化处理污泥）	T, I
		900-213-08	废矿物油再生净化过程中产生的沉淀残渣、过滤残渣、废过滤吸附介质	T, I
		900-214-08	车辆、轮船及其他机械维修过程中产生的废发动机油、制动器油、自动变速器油、齿轮油等废润滑油	T, I
		900-215-08	废矿物油裂解再生过程中产生的裂解残渣	T, I
		900-216-08	使用防锈油进行铸件表面防锈处理过程中产生的废防锈油	T, I
		900-217-08	使用工业齿轮油进行机械设备润滑过程中产生的废润滑油	T, I
		900-218-08	液压设备维护、更换和拆解过程中产生的废液压油	T, I
		900-219-08	冷冻压缩设备维护、更换和拆解过程中产生的废冷冻机油	T, I
		900-220-08	变压器维护、更换和拆解过程中产生的废变压器油	T, I
		900-221-08	废燃料油及燃料油储存过程中产生的油泥	T, I
		900-249-08	其他生产、销售、使用过程中产生的废矿物油及沾染矿物油的废弃包装物	T, I

表 3-1 中：

（1）废物类别。是在《控制危险废物越境转移及其处置巴塞尔公约》划定的类别基础上，结合我国实际情况对危险废物进行的分类。

（2）行业来源。是指危险废物的产生行业。

（3）废物代码。是指危险废物的唯一代码，为8位数字。其中，第1~3位为危险废物产生行业代码，依据《国民经济行业分类（GB/T 4754—2017）》确定；第4~6位为危险废物顺序代码；第7、8位为危险废物类别代码。

（4）危险特性。是指对生态环境和人体健康具有有害影响的毒性（Toxicity，T）、腐蚀性（Corrosivity，C）、易燃性（Ignitability，I）、反应性（Reactivity，R）和感染性（Infectivity，In）。

3.《国家危险废物名录（2021版）》有关规定

《国家危险废物名录》对危险废物的鉴别也进行了比较具体的规定，主要规定如下。

第二条 具有下列情形之一的固体废物（包括液态废物），列入本名录：①具有腐蚀性、毒性、易燃性、反应性或者感染性等一种或者几种危险特性的；②不排除具有危险特性，可能对环境或者人体健康造成有害影响，需要按照危险废物进行管理的。

第三条 列入名录附录《危险废物豁免管理清单》中的危险废物，在所列的豁免环节，且满足相应的豁免条件时，可以按照豁免内容的规定实行豁免管理。

第四条 危险废物与其他物质混合后的固体废物，以及危险废物利用处置后的固体废物的属性判定，按照国家规定的危险废物鉴别标准执行。

第六条 对不明确是否具有危险特性的固体废物，应当按照国家规定的危险废物鉴别标准和鉴别方法予以认定。

经鉴别具有危险特性的，属于危险废物，应当根据其主要有害成分和危险特性确定所属废物类别，并按代码"900-000-××"（××为危险废物类别代码）进行归类管理。

经鉴别不具有危险特性的，不属于危险废物。

第五节　危险废物豁免管理制度

豁免管理制度在《国家危险废物名录2016版》中首次提出后，对促进危险废物利用发挥了积极作用。但危险废物种类繁多，利用方式多样，难以逐一作出规定，需要结合实际，实行更灵活的利用豁免管理，以进一步推动危险废物利用。因此，《国家危险废物名录（2021版）》特别提出"在环境风险可控的前提下，根据省级生态环境部门确定的方案，实行危险废物'点对点'定向利用"。生态环境部2019年印发了实施《关于提升危险废物环境监管能力、利用处置能力和环境风险防范能力的指导意见》后，国内部分省份探索开展了危险废物"点对点"定向利用豁免管理相关工作，效果良好。在"点对点"定向利用豁免管理实施过程中,国家允许各省级生态环境部门可以结合本地实际制定实施细则,组织开展相关工作。

因此,电力企业在开展危险废物豁免管理方面,应充分了解和掌握企业所在地生态环境部门对于豁免管理的具体要求,结合企业实际产生的危险废物开展豁免管理,可以大大减少和减轻危险废物管理压力。

1. 危险废物豁免管理的意义

国家在危险废物管理中,基于有限的监管能力与复杂的废物性质之间的矛盾,采取危险废物豁免管理,以减少危险废物管理过程中的总体环境风险,提高危险废物环境管理效率。

《国家危险废物名录》第五条规定,列入《国家危险废物名录》附录《危险废物豁免管理清单》中的危险废物,在所列的豁免环节,且满足相应的豁免条件时,可以按照豁免内容的规定实行豁免管理。

需要特别注意的是,《危险废物豁免管理清单》仅豁免了危险废物特定环节的部分管理要求,并没有豁免其危险废物的属性,在豁免环节的前后环节,仍需按照危险废物进行管理,且在豁免环节内,可以豁免的内容也仅限于满足所列条件下列明的内容,其他危险废物或者不满足豁免条件的此类危险废物的管理仍需执行危险废物的要求。

2. 危险废物豁免管理流程

一般地,确定某种危险废物是否符合豁免管理的流程如下:

(1)确定该危险废物属于列入《危险废物豁免管理清单》的危险废物,通常通过核对废物类别、代码和名称进行确定。

(2)确定该危险废物的豁免环节是否与《危险废物豁免管理清单》一致。

(3)核对是否具备《危险废物豁免管理清单》列明的豁免条件。

3. 危险废物豁免管理部分内容的具体含义

列入《危险废物豁免管理清单》中的危险废物,在所列的豁免环节,且满足相应的豁免条件时,可以按照豁免内容的规定实行豁免管理。在满足上述条件前提下,"豁免内容"含义如下:

(1)"全过程不按危险废物管理":全过程,即各管理环节均豁免,无需执行危险废物环境管理的有关规定。

(2)"收集过程不按危险废物管理":收集企业不需要持有危险废物收集经营许可证或危险废物综合经营许可证。

(3)"利用过程不按危险废物管理":利用企业不需要持有危险废物综合经营许可证。

(4)"填埋过程不按危险废物管理":填埋企业不需要持有危险废物综合经营许

可证。

（5）"水泥窑协同处置过程不按危险废物管理"：水泥企业不需要持有危险废物综合经营许可证。

（6）"不按危险废物进行运输"：运输工具可不采用危险货物运输工具。

（7）"转移过程不按危险废物管理"：进行转移活动的运输车辆可不具有危险货物运输资质；转移过程中可不运行危险废物转移联单，但转移活动需事后备案。

第六节　危险废物识别标志

《中华人民共和国固体废物污染环境防治法》第七十七条规定："对危险废物的容器和包装物以及收集、贮存、运输、利用、处置危险废物的设施、场所，应当按照规定设置危险废物识别标志"。因此，危险废物的容器和包装物，收集、储存、运输、利用、处置危险废物的设施、场所，必须设置危险废物识别标志。

2023年前对危险废物识别标志有明确规定的标准有两个：

（1）《危险废物贮存污染控制标准》（GB 18597），对危险废物标签的内容和图案进行了规定。

（2）《环境保护图形标志　固体废物贮存（处置）场》（GB 15562.2），对危险废物的贮存、处置场警告标识图案进行了规定。

但是，上述两个标准未对危险废物收集、利用设施和场所中危险废物识别标志作出规范化设置的规定。部分危险废物标签存在设置不科学、不规范的问题，且内容不能完全满足现有的危险废物精细化管理需求，其他识别标志的规格和使用也缺乏明确的规定。

为落实《中华人民共和国固体废物污染环境防治法》中关于危险废物识别标志的管理要求，规范危险废物识别标志的设置，统一不同场景下危险废物识别标志的相关技术要求，自2021年起，生态环境部开始组织编制《危险废物识别标志设置技术规范》。2022年12月31日，生态环境部正式发布了《危险废物识别标志设置技术规范》（HJ 1276—2022），2023年7月1日正式实施，主要内容包括危险废物识别标志的适用范围、规范性引用文件、术语和定义、危险废物识别标志的分类、规格、使用方法、数字识别码和设施编号、检查与维修和监督与实施；主要规定了产生、收集、贮存、利用、处置危险废物的单位需设置的危险废物识别标志的分类、内容要求、设置要求和制作方法；主要适用于危险废物的容器和包装物，危险废物产生、收集、贮存、利用、处置危险废物的设施、场所的环境保护识别标志的设置。需注意的是，该标准不包含医疗废物，医疗废物的识别标志按照《医疗废物专用包装袋、容器和警示标志标准》（HJ 421）执行，危险废物运输过程中识别标志设置还应遵守国家有关危险货物运输管理的规定。

一、危险废物识别标志的分类及总体要求

危险废物识别标志是指由图形、数字和文字等元素组合而成的标志，用于向相关人群传递危险废物的有关规定和信息，以防止危险废物危害生态环境和人体健康。识别标志是由呈现在衬底色和边框构成的几何形状中的符号形成的传递特定信息的视觉构型。

（一）危险废物识别标志的分类

危险废物识别标志大致分为三类：危险废物标签；危险废物贮存分区标志；危险废物贮存、利用、处置设施标志。

1. 危险废物标签

危险废物标签是设置在危险废物容器或包装物上的标志，用于警示和标识危险废物，同时也向人们传递危险废物的废物名称、废物代码、主要成分、危险特性、产生日期、产生单位和联系方式等基本信息。在进行收集、贮存、转移、利用、处置危险废物活动时，危险废物标签可以警示操作人员，防止因不规范操作危害生态环境和人体健康。

2. 危险废物贮存分区标志

危险废物贮存分区标志是设置在危险废物贮存设施内的标志，以平面分布图的形式标注了贮存分区的划分情况和各贮存分区存放的废物种类信息，用于警示相关人员应当按照危险废物特性分区分类贮存危险废物。

3. 危险废物贮存、利用、处置设施标志

危险废物设施场所标志是设置在贮存、利用、处置危险废物的设施、场所，用于引起人们对危险废物贮存、利用、处置活动的注意，以避免潜在环境危害的警告性区域信息标志，由警示图形和辅助性文字构成。警示图形主要用于传达危险废物的环境危害特性，辅助性文字主要用于标明危险废物设施的类型和相关责任人的信息等，便于发生意外情况时及时联系责任人并采取防范措施，尽可能避免环境风险扩散。

（二）危险废物标签的作用

危险废物标签等危险废物识别标志传递和警示的内容，有利于识别和预警危险废物贮存、利用、处置过程的环境风险，主要体现在以下三个方面。

1. 警示危险废物的环境危害

危险废物识别标志采用警示颜色、警示图形和警示文字对危险废物的危险特性和环境危害进行警示，有利于提升危险废物管理人员和利用处置人员的危险废物环境风险防范意识。

2. 传递危险废物必要的环境信息

通过设置危险废物标签等识别标志，向后续贮存、运输、利用、处置等环节的相关人员传递危险废物的主要成分、有害成分、危险特性等重要环境危害信息，避免危险废物处理处置过程中因不当操作而引发环境危害，切实其提升危险废物风险防范能力。

3. 支撑危险废物环境应急处置

危险废物标签等识别标志中标注了危险废物管理中的注意事项、周边废物存放情况，以及相关责任人的联系方式等信息，为突发环境事故应急处置的环境风险防范措施提供技术依据和参考。

（三）标志设置的总体要求

（1）危险废物识别标志的设置应具有足够的警示性，以提醒相关人员在从事收集、贮存、利用、处置危险废物经营活动时注意防范危险废物的环境风险。

（2）危险废物识别标志应设置在醒目的位置，避免被其他固定物体遮挡，并与周边的环境特点相协调。

（3）危险废物识别标志与其他标志宜保持视觉上的分离。危险废物识别标志与其他标志相近设置时，宜确保危险废物识别标志在视觉上的识别和信息的读取不受其他标志的影响。

（4）同一场所内，同一种类危险废物识别标志的尺寸、设置位置、设置方式和设置高度等宜保持一致。

（5）危险废物识别标志的设置除应满足本标准的要求外，还应执行国家安全生产、消防等有关法律、法规和标准的要求。

二、危险废物标签

（一）危险废物标签的内容

《危险废物识别标志设置技术规范》中的危险废物标签，在参考原《危险废物贮存污染控制标准》（GB 18597）附录A中危险废物标签的内容和式样的基础上，依据"内容简单、实用性强"的原则，进行了一定的修改。将原标签中"主要成分、化学名称"变更为"主要成分、危害成分"，新增"危险废物名称、废物类别和废物代码"三个条目；将原标签中指导运输过程的"危险类别"改为"废物形态、危险特性";原标签中"出厂日期"变更为"产生日期",便于危险废物溯源管理;此外,为了更方便危险废物的精细化管理和生态环境管理部门的监督管理,在标签中新增加了危险废物数字识别码和二维码。

危险废物标签样式如图3-1所示。

图3-1 危险废物标签样式

图3-1中:

(1)废物名称:是指列入《国家危险废物名录》中的危险废物,应参考《国家危险废物名录》中"危险废物"一栏,填写简化的废物名称或行业内通用的俗称,例如:脱硝工艺过程中产生的废催化剂;经GB 5085(所有部分)和HJ 298鉴别属于危险废物的,应按照其产生来源和工艺填写废物名称。

(2)废物类别、废物代码:是指列入《国家危险废物名录》中的危险废物,应参考《国家危险废物名录》中的内容填写,例如:HW50废催化剂(废物类别)、772-007-50(废物代码);经GB 5085(所有部分)和HJ 298鉴别属于危险废物的,应根据其主要有害成分和危险特性确定所属废物类别,并按代码"900-000-××"(××为危险废物类别代码)填写。

(3)废物形态:应填写容器或包装物内盛装危险废物的物理形态。

(4)危险特性:应根据危险废物的危险特性(包括腐蚀性、毒性、易燃性和反应性),选择《危险废物识别标志设置技术规范》(HJ 1276)附录A(见表3-2)中对应的危险特性警示图形,印刷在标签上相应位置,或单独打印后粘贴于标签上相应的位置,例如:HW50废催化剂,危险特性为毒性T。如果具有多种危险特性,应设置相应的全部图形。

表 3-2 危险特性警示图形

序号	危险特性	警示图形	图形颜色
1	腐蚀性	CORROSIVE 腐蚀性	符号：黑色 底色：上白下黑
2	毒性	TOXIC 毒性	符号：黑色 底色：白色
3	易燃性	FLAMMABLE 易燃	符号：黑色 底色：红色（RGB：255，0，0）
4	反应性	FEACTIVITY 反应性	符号：黑色 底色：黄色（RGB：255，255，0）

（5）主要成分：应填写危险废物主要的化学组成或成分，可使用汉字、化学分子式、元素符号或英文缩写等。例如：油基岩屑的主要成分可填写"石油类、岩屑"；废催化剂的主要成分可填写"SiO_2、Al_2O_3"。

（6）有害成分：应填写废物中对生态环境或人体健康有害的主要污染物名称，可使用汉字、化学分子式、元素符号或英文缩写等。例如：废矿物油的有害成分可填写石油烃、PAHs 等。

（7）注意事项：应根据危险废物的组成、成分和理化特性，填写收集、贮存、利用、处置时必要的注意事项，可参考技术规范附录 B 常见的注意事项用语填写，也可根据废物具体的理化性质填写其他要求。

（8）产生或收集单位名称、联系人和联系方式：应填写危险废物产生单位的信息。当从事收集、贮存、利用、处置危险废物经营活动的单位收集危险废物时，在满足国家危险废物相关污染控制标准等规定的条件下，容器内盛装两家及以上单位的危险废物（如废矿物油）时，应填写收集单位的信息。

电力企业通常仅是危险废物产生单位，此处可以填写企业名称或企业负责危险废物管理的部门名称。

（9）产生日期：应填写开始盛装危险废物时的日期，可按照年月日的格式填写。当从事收集、贮存、利用和处置危险废物经营活动的单位收集危险废物时，在满足国家危险废物相关污染控制标准等规定的条件下，容器内盛装相同种类但不同初始产生日期的危险废物（如废矿物油）时，应填写收集危险废物时的日期。例如：2023年7月7日。

（10）废物质量：应填写完成收集后容器或包装物内危险废物的质量（单位为kg或t）。

（11）数字识别码：危险废物数字识别码的主要作用在于追踪和定位危险废物，有关危险废物源单元的信息采用了《排污单位编码规则》中排污单位代码的形式。通过这一系列的编码设计，可以直接追溯到危险废物本身，有利于危险废物的信息化管理。

危险废物标签数字识别码主要参考《危险废物储运单元编码要求》（GB/T 38920）和《排污单位编码规则》（HJ 608）编码规则，由4段37位构成，并实现"一物一码"。

1）第一段为危险废物产生（收集）单位编码，18位数字，是危险废物的来源信息的唯一标识，按照《排污单位编码规则》（HJ 608）中排污单位编码执行。对于危险废物产生单位，其单位编码即为该产生单位的排污单位编码。如果需要填写收集危险废物作业单位名称时，其数字识别码中的单位编码为该收集单位的排污单位编码。

2）第二段为危险废物代码，8位数字，列入《国家危险废物名录》中的危险废物，采用《国家危险废物名录》中废物代码的数字部分，例如90004149；经《危险废物鉴别标准》（GB 5085）和《危险废物鉴别技术规范》（HJ 298）鉴别属于危险废物的，其危险废物代码格式也应保持一致。

3）第三段为产生日期，8位数字，对于危险废物产生单位，危险废物产生日期码为危险废物产生日期中的数字部分，采用年月日的格式顺序，例如20230707；如果需要填写收集危险废物的日期时，其产生日期码格式也应保持一致。

4）第四段为废物编号，3位数字，企业可自行设置，按顺序设为001~999。

数字识别码构成格式如图3-2所示。

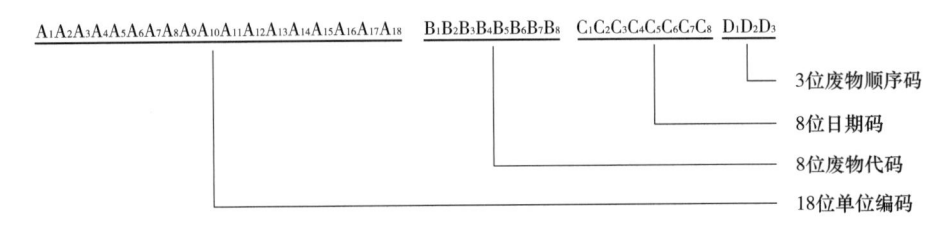

$A_1A_2A_3A_4A_5A_6A_7A_8A_9A_{10}A_{11}A_{12}A_{13}A_{14}A_{15}A_{16}A_{17}A_{18}$ $B_1B_2B_3B_4B_5B_6B_7B_8$ $C_1C_2C_3C_4C_5C_6C_7C_8$ $D_1D_2D_3$

— 3位废物顺序码
— 8位日期码
— 8位废物代码
— 18位单位编码

图3-2 数字识别码构成格式

（12）二维码：危险废物标签二维码的编码数据结构中应包含数字识别码的内容，信息服务系统所含信息宜包含标签中设置的信息。从事收集、贮存、利用、处置危险废物经营活动的单位可利用电子标签等物联网技术对危险废物进行信息化管理。

（13）备注：危险废物标签的设置单位可根据自身实际管理需求或按照县级及以上生态环境主管部门的要求，结合企业自身管理需求，填写与所盛装危险废物相关的信息。

（二）危险废物标签的规格

危险废物标签的主要设置原则是醒目性和可读性，规格尺寸根据危险废物容器或包装物的容积分为三种，以适应不同尺寸的容器和包装物，以便标签内容和字体的大小具有明显的可视度和可辨识度，见表3-3。

表3-3　　　　　　　　　　　　危险废物标签的尺寸要求

序号	容器或包装物容积V（L）	标签尺寸（mm）	最低文字高度（mm）
1	$V \leqslant 50$	100×100	3
2	$50 < V \leqslant 450$	150×150	5
3	$V > 450$	200×200	6

（1）标签的颜色和字体：参考《安全标志及其使用导则》（GB 2894）和《安全色》（GB 2893）中有关标志的颜色要求。标签背景色为醒目的橘黄色，RGB颜色值为（255，150，0）。标签边框和字体为黑色，RGB颜色值为（0，0，0）。字体宜采用黑体字，其中"危险废物"字样应加粗放大。

（2）标签材质：宜具有一定的耐用性和防水性，标签可采用不干胶印刷品，或印刷品外加防水塑料袋或塑封等。

（3）印刷要求：危险废物标签印刷的油墨应均匀，图案和文字应清晰、完整。危险废物标签的文字边缘宜加黑色边框，边框宽度不小于1mm，边框外宜留不小于3mm的空白。

（4）如遇特大或特小的容器或包装物，标志的尺寸可按实际情况适当扩大或缩小，但不得影响其内容的识别和阅读。

通常，电力企业在使用危险废物标签时，不需要自己印刷标签，可直接从市场上购买，但应注意购买符合规范要求的标签。

（三）危险废物标签的设置

危险废物标签的主要作用在于传递信息，产生单位对危险废物本身的特性最清楚，因此危险废物标签应主要由危险废物产生单位负责设置，其主要使用和设置原则即"醒目"。标签应设置在包装或容器的醒目处，堆存状的危险废物标签设置在附近区域，以柱式标志牌+标签的形式设置。

对于需要运输的危险废物，还应根据交通运输部门的规定，执行《危险货物包装标志》中危险货物运输包装标志。对于包装物或容器等因材质而不适合粘贴标签或容易脱落时，可根据实际情况选择标签的固定方式，以实现危险废物规范化管理的要求。

电力企业在盛装危险废物时，宜根据容器或包装物的容积按照标准要求设置合适的标签，并按要求填写完整信息。危险废物标签中的二维码部分，可与标签一同制作，也可以单独制作后固定于危险废物标签相应位置。

危险废物标签的设置要求：

（1）危险废物标签的设置位置应明显可见且易读，不应被容器、包装物自身的任何部分或其他标签遮挡。危险废物标签在各种包装上的粘贴位置分别为：

1）箱类包装：位于包装端面或侧面。

2）袋类包装：位于包装明显处。

3）桶类包装：位于桶身或桶盖。

4）其他包装：位于明显处。

（2）对于盛装同一类危险废物的组合包装容器，应在组合包装容器的外表面设置危险废物标签。

（3）容积超过450L的容器或包装物，应在相对的两面都设置危险废物标签。

（4）危险废物标签的固定可采用印刷、粘贴、拴挂、钉附等方式，标签的固定应保证在贮存、转移期间不易脱落和损坏。

（5）当危险废物容器或包装物还需同时设置危险货物运输相关标志时，危险废物标签可与其分开设置在不同的面上，也可设在相邻的位置，如图3-3所示。

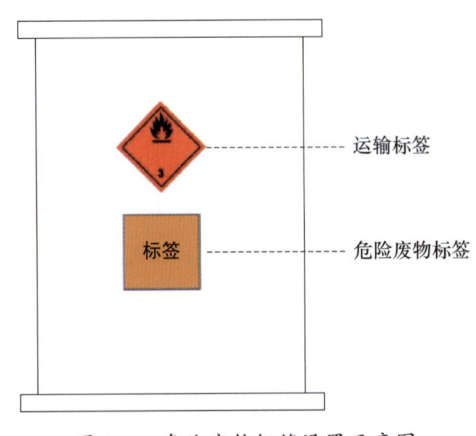

图3-3 危险废物标签设置示意图

（6）在贮存池的或贮存设施内堆存的无包装或无容器的危险废物，宜在其附近参照危险废物标签的格式和内容设置柱式标志牌，柱式标志牌设置示意图如图3-4所示。当贮存池或贮存场中的危险废物需要运输时，应按前述设计要求，将危险废物标签设置在其容器或包装物上。

三、危险废物贮存分区标志

（一）危险废物贮存分区标志的内容

（1）危险废物贮存分区标志应以醒目的方式标注"危险废物贮存分区标志"字样。

（2）危险废物贮存分区标志应包含但不限于设施内部所有贮存分区的平面分布、各分区存放的危险废物信息、本贮存分区的具体位置、环境应急物资所在位置以及进出口位置和方向。

（3）危险废物贮存单位可根据自身贮存设施建设情况，在危险废物贮存分区标志中添加收集池、导流沟和通道等信息。

（4）危险废物贮存分区标志的信息应随着设施内废物贮存情况的变化及时调整。

危险废物贮存分区标志样式示意图如图3-5所示。

图3-4　危险废物柱式标志牌设置示意图

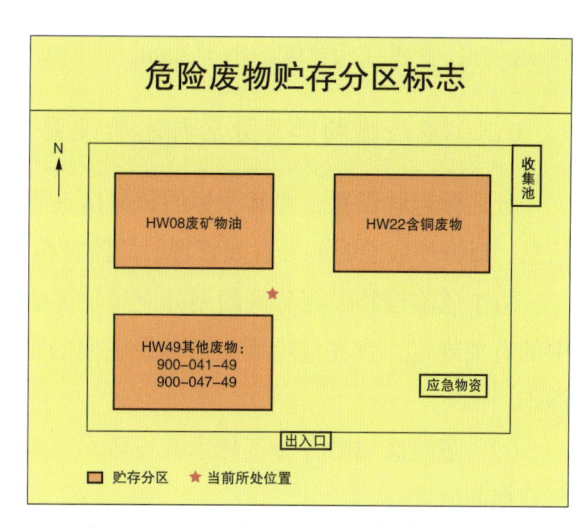

图3-5　危险废物贮存分区标志样式示意图

（二）危险废物贮存分区标志的规格

危险废物贮存分区标志的尺寸宜根据对应的观察距离要求进行设置，见表3-4。

表3-4　　　　　　　　　危险废物贮存分区标志的尺寸要求

观察距离L (m)	标志整体外形最小尺寸 (mm×mm)	最低文字高度（mm） 贮存分区标志	最低文字高度（mm） 其他文字
$0<L\leq2.5$	300×300	20	6
$2.5<L\leq4$	450×450	30	9
$L>4$	600×600	40	12

（1）标志的颜色和字体：应采用黄色，RGB颜色值为（255，255，0）；废物种类信息应采用醒目的橘黄色，RGB颜色值为（255，150，0）；字体颜色为黑色，RGB颜色值为（0，0，0）。字体宜采用黑体字，其中"危险废物贮存分区标志"字样应加粗放大并居中显示。

（2）标志材质：危险废物贮存分区标志的衬底宜采用坚固耐用的材料，并具有耐用性和防水性。废物贮存种类信息等可采用印刷纸张、不粘胶材质或塑料卡片等，以便固定在衬底上。

（3）印刷要求：危险废物贮存分区标志的图形和文字应清晰、完整，保证在足够的观察距离条件下不影响阅读；"危险废物贮存分区标志"字样与其他信息宜加黑色分界线区分，分界线的宽度不小于2mm。

（三）危险废物贮存分区标志的设置

分区标志牌设置主要基于标明该分区在整个设施内的位置信息及周边存放的废物信息，以方便应急时的处置和管理时的监督检查。主要要求有：

（1）危险废物贮存分区的划分应满足《危险废物贮存污染控制标准》（GB 18597）中的有关规定，宜在危险废物贮存设施内的每一个贮存分区处设置危险废物贮存分区标志。

（2）危险废物贮存分区标志宜设置在该贮存分区前的通道位置或墙壁、栏杆等易于观察的位置。

（3）宜根据危险废物贮存分区标志的设置位置和观察距离按照标准规定制作要求设置相应的标志。

（4）危险废物贮存分区标志可采用附着式（如钉挂、粘贴等）、悬挂式和柱式（固定于标志杆或支架等物体上）等固定形式，贮存分区标志设置示意图如图3-6和图3-7所示。

（5）危险废物贮存分区标志中各贮存分区存放的危险废物种类信息可采用卡槽式或附着式（如钉挂、粘贴等）固定方式。

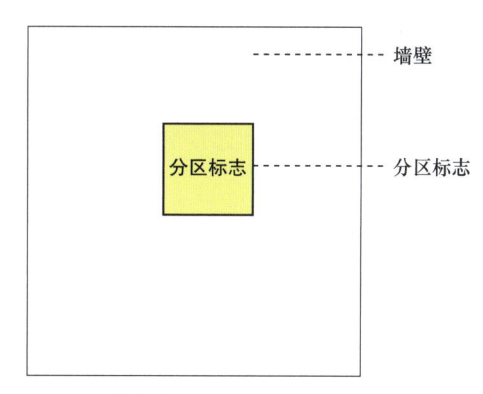

图 3-6　附着式危险废物贮存分区标志设置示意图

图 3-7　柱式危险废物贮存分区标志设置示意图

四、危险废物贮存、利用、处置设施标志

(一)危险废物贮存、利用、处置设施标志的内容

危险废物具有毒性、腐蚀性、易燃性、反应性、感染性五种危险特性。原《环境保护图形标志—固体废物贮存（处置）场》制定于1995年，将危险废物贮存（处置）场的警告图形符号设计为"骷髅"，主要传递的是危险废物急性毒性的警示信息。

为更好地满足当前的环境管理需要，提升危险废物识别标志的规范性和信息化管理水平，生态环境部在发布新《危险废物识别标志设置技术规范》的同时，同步以修改单的形式修订了《环境保护图形标志—固体废物贮存（处置）场》。修改单将危险废物贮存、处置场的警告图形符号由"骷髅"改为"枯树和鱼"，可以更为直观地传达"全面防范生态环境风险"的信息，使危险废物贮存和处置设施标志传递的信息更加科学。"枯树和鱼"图形借鉴了《全球化学品统一分类和标签制度》以及联合国《关于危险货物运输的建议书　试验和标准手册》中"环境危害物质"的图形，沿用了原有的黄色背景和正三角形边框，强调危险废物贮存和处置设施、场所要采取有效措施科学防范环境风险。修改单对危险废物贮存、处置场警告图形符号的修改，很好地回应了标志使用的实际需求，得到了危险废物相关单位的普遍认可和支持。

标志的主要内容有：

（1）危险废物贮存、利用、处置设施标志应包含三角形警告性图形标志和文字性辅助标志，其中三角形警告性图形标志应符合《环境保护图形标志　固体废物贮存（处置）场》（GB 15562.2）中的要求。

（2）危险废物贮存、利用、处置设施标志应以醒目的文字标注危险废物设施的类型。

（3）危险废物贮存、利用、处置设施标志还应包含危险废物设施所属的单位名称、设施编码、负责人及联系方式。

（4）危险废物贮存、利用、处置设施标志宜设置二维码，对设施使用情况进行信息化管理。

电力企业主要需在贮存设施场所设立标志牌，危险废物贮存、利用、处置设施标志样式如图3-8、图3-9所示。

图3-8　横版危险废物贮存、利用、处置设施标志样式示意图

图 3-9　竖版危险废物贮存、利用、处置设施标志样式示意图

（5）危险废物贮存、利用、处置设施标志的填写要求：

1）单位名称：填写贮存、利用、处置危险废物的单位全称。对于电力企业而言，可以填写企业名称。

2）危险废物贮存、利用、处置设施编码：危险废物贮存、利用、处置设施编码可填写《危险废物管理计划和管理台账制定技术导则》（HJ 1259—2022）中规定的设施编码。

3）负责人及联系方式：填写本设施相关负责人的姓名和联系方式。

4）二维码：设施二维码信息服务系统中应包含但不限于该设施场所的单位名称、设施类型、设施编码、负责人及联系方式，以及该设施场所贮存、利用、处置的危险废物名称和种类等信息。

（二）危险废物贮存、利用、处置设施标志的规格

标志牌的尺寸和颜色主要参考《安全标志及其使用导则》（GB 2894）和《关于印发排放口标志牌技术规格的通知》中对标志牌尺寸和规格的要求，并在其基础上，细化了标志牌的详细尺寸等其他要求。

危险废物贮存、利用、处置设施标志的尺寸宜根据其设置位置和对应的观察距离要求进行设置，参见表3-5。

（1）颜色与字体：标志背景颜色为黄色，RGB 颜色值为（255，255，0）。字体和边框颜色为黑色，RGB颜色值为（0，0，0）。字体应采用黑体字，其中危险废物设施类型的字样应加粗放大并居中显示。

（2）标志材质：危险废物贮存、利用、处置设施标志宜采用坚固耐用的材料（如厚度为1.5~2mm 的冷轧钢板），并作搪瓷处理或贴膜处理。一般不宜使用遇水变形、变质或易燃的材料。柱式标志牌的立柱可采用 $\phi 38 \times 4mm$ 无缝钢管或其他坚固耐用的

材料，并经过防腐处理。

（3）印刷要求：危险废物贮存、利用、处置设施标志的图形和文字应清晰、完整，保证在足够的观察距离条件下也不影响阅读；三角形警告性图形与其他信息间宜加黑色分界线区分，分界线的宽度宜不小于3mm。

（4）外观质量要求：危险废物贮存、利用、处置设施的标志牌和立柱无明显变形。标志牌表面无气泡，贴膜或搪瓷无脱落。图案清晰，色泽一致，没有明显缺损。

表3-5　　不同观察距离时危险废物贮存、利用、处置设施标志的尺寸要求

设置位置	观察距离 L（m）	标志牌整体外形最小尺寸（mm×mm）	三角形警告性标志			最低文字高度（mm）	
^	^	^	三角形外边长 a_1（mm）	三角形内边长 a_2（mm）	边框外角圆弧半径（mm）	设施类型名称	其他文字
露天或室外入口	>10	900×558	500	375	30	48	24
室内	4<L≤10	600×372	300	225	18	32	16
室内	≤4	300×186	140	105	8.4	16	8

（三）危险废物贮存、利用、处置设施标志的内容的设置

设施场所标志牌位置的设置参考了《安全标志及其使用导则》（GB 2894）中的要求，即位于场所入口处的醒目位置。对于不同场景的标志牌使用要求，明确了危险废物收集点和危险废物贮存设施的特殊场景下的使用要求。主要要求：

（1）危险废物相关单位的每一个贮存、利用、处置设施均应在设施附近或场所的入口处设置相应的危险废物贮存设施标志、危险废物利用设施标志、危险废物处置设施标志。

（2）对于有独立场所的危险废物贮存、利用、处置设施，应在场所外入口处的墙壁或栏杆显著位置设置相应的设施标志。

（3）位于建筑物内局部区域的危险废物贮存、利用、处置设施，应在其区域边界或入口处显著位置设置相应的标志。

（4）对于危险废物填埋场等开放式的危险废物相关设施，除了固定的入口处之外，还可根据环境管理需要在相关位置设置更多的标志。

（5）宜根据设施标志的设置位置和观察距离按照标准制作要求设置相应的标志。

（6）危险废物设施标志可采用附着式和柱式两种固定方式，应优先选择附着式，当无法选择附着式时，可选择柱式，危险废物设施标志设置示意图如图3-10和图3-11

所示。

（7）附着式标志的设置高度，应尽量与视线高度一致；柱式的标志和支架应牢固地连接在一起，标志牌最上端距地面约2m；位于室外的标志牌中，支架固定在地下的，其支架埋深约0.3m。

（8）危险废物设施标志应稳固固定，不能产生倾斜、卷翘、摆动等现象。在室外露天设置时，应充分考虑风力的影响。

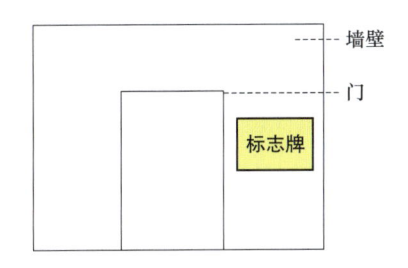

图 3-10　附着式危险废物设施标志设置示意图

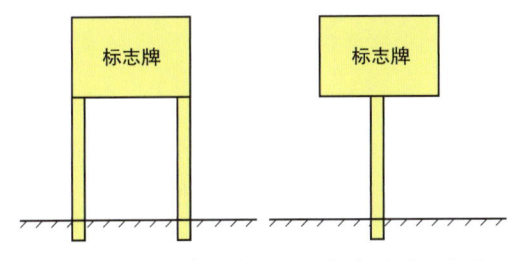

图 3-11　柱式危险废物设施标志设置示意图

以上危险废物识别标志应在每次出入库时检查，如发现有破损、变形、褪色等不符合要求时应及时修整或更换。

五、危险废物标签常用的注意事项用语

注意事项用语主要是根据危险废物的成分组成和理化特性，在填写危险废物标签时，注明贮存及应急处置时必要的注意事项。各项用语中×××部分，企业应根据废物特性，填写补充完整。

（一）注意事项推荐用语

（1）必须锁紧。
（2）放在阴凉地方。
（3）切勿放进住所。
（4）容器必须盖紧。
（5）容器必须保持干燥。

（6）容器必须放在通风的地方。

（7）切勿将容器密封。

（8）切勿靠近食物、饮品及动物饲料。

（9）切勿靠近×××（须指定互不相容的物质）。

（10）切勿受热。

（11）切勿近火，不准吸烟。

（12）切勿靠近易燃物质。

（13）处理及打开容器时，应小心。

（14）存放温度不超过×××摄氏度。

（15）以×××保持湿润。

（16）只可放在原用的容器内。

（17）切勿与×××混合。

（18）只可放在通风的地方。

（19）使用时严禁饮食。

（20）使用时严禁吸烟。

（21）切勿吸入尘埃。

（22）切勿吸入气体（烟雾、蒸气、喷雾或其他）。

（23）避免沾及皮肤。

（24）避免沾及眼睛。

（25）切勿倒入水渠。

（26）切勿加水。

（27）防止静电发生。

（28）避免震荡和摩擦。

（29）穿上适当防护服。

（30）戴上防护手套。

（31）如通风不足，则须佩戴呼吸器。

（32）佩戴护眼、护面用具。

（33）使用×××（须予指定）来清理受这种物质污染的地面及物件。

（34）遇到火警时，使用×××灭火设备，切勿使用×××灭火设备。

（35）如沾及眼睛，立即用大量清水来清洗，并尽快就医诊治。

（36）所有受污染的衣物应立即脱掉。

（37）沾及皮肤后，立即用大量×××来清洗（须指定清洗液）。

（二）可配合使用的各种注意事项用语

（1）容器必须锁紧，存在阴凉通风的地方。

（2）存放在阴凉通风的地方，切勿靠近×××（须指明互不相容的物质）。

（3）容器必须盖紧，保持干燥。

（4）只可放在原用的容器内，并放在阴凉通风的地方，切勿靠近×××（须指明不互不相容的物质）。

（5）容器必须盖紧，并存放在通风的地方。

（6）使用时严禁饮食或吸烟。

（7）避免沾及皮肤和眼睛。

（8）穿上适当的防护服和戴上适当防护手套。

（9）穿上适当的防护服，戴上适当防护手套，并戴上护眼、护面用具。

第四章

电力企业危险（固体）废物种类及产生环节

电力企业在电力生产运营中，由于其生产特点，在某些生产环节不可避免地产生一定数量的固体废物，这些固体废物中，有些可能是一般固体废物，有些可能是危险废物。本部分以国内主流燃煤发电机组为基础，介绍电力企业一般固体废物、危险废物的种类及产生环节。

第一节　电力企业危险废物的产生环节

1. 污染固体产生来源

固态危险废物散落及液态危险废物的外泄在危险废物出入库的装卸过程中，可能由于操作不当致使固态危险废物散落或飞扬、液态危险废物外泄。

在危险废物贮存过程中，由于危险废物的包装破损、腐蚀等因素，造成危险废物的泄漏；或在危险废物库内的搬运、转移等作业过程中，由于操作不当致使包装物破损或其他原因导致的危险废物泄漏、散落，液体废物外泄。

在出入库交接、装卸及分区转运的过程中，可能产生被污染的覆盖物、废弃的劳保用品及吸附材料等二次污染的固体废物。原则上这些废物在贮存作业完成后，应按危险废物进行清理、贮存和处理处置，不得随意排放。

2. 污染气体产生来源

有毒有害气体的有组织排放及无组织排放对于封闭式贮存设施，通过采取集中通风排放技术措施，经排气筒排放库内含有有毒有害成分气体的情况，属于有组织排放。

危险废物贮存库未采取集中通风排放的技术措施，而向大气中自由扩散有毒有害气体的情况，属于无组织排放。

3. 污染液体产生来源

危险废物贮存设施内或设施四周的硬覆盖范围内，在贮存和出入库装卸作业过程中，有可能产生的液体泄漏、清理地面或包装容器、工具时产生的污染液体及露天场地初期雨水等都必须进行收集和处理。

一、电力企业主要工艺系统简介

一般地，燃煤发电厂主要由主体工程、辅助工程和环保工程三部分组成。其中，主体工程包括燃烧系统、汽水系统、电气系统等，是最核心的生产工艺系统，大致生产工艺流程如下。

1. 燃烧系统

燃烧系统由锅炉输煤、燃烧和除灰三部分组成。首先煤被带式输送机由煤场经过给煤机进入磨煤机磨成煤粉，而后与经空气预热器预热过的空气一起喷入炉膛内燃烧。燃烧产生的烟气首先经脱硝装置（炉内和/或炉外）脱除NO_x后经除尘器脱除粉尘，最后经石灰石浆液喷淋脱硫装置脱除SO_2的烟气经引风机送至烟筒排入大气。在此过程中，锅炉排出的炉渣经碎渣机破碎后连同除尘器下部的细灰一起由灰渣（浆）泵经灰管送至贮灰场。

2. 汽水系统

燃煤电厂汽水系统由给水、化学水处理和冷却水系统等组成。主要设备包括省煤器、水冷壁、汽轮机、凝汽器、高低温过热器等。水在锅炉中被加热成蒸汽，经过热器二次加热后变成过热蒸汽进入汽轮机。由于蒸汽不断膨胀，高速流动的蒸汽推动汽轮机叶片转动从而带动发电机。在蒸汽膨胀过程中，蒸汽压力和温度不断降低，最后排入凝汽器凝结成水。凝结水由凝结水泵打至低压加热器和除氧器，经加温和脱氧后由给水泵将其打入高压加热器加热，重新进入锅炉。

3. 电气系统

电气系统由发电机组、励磁单元、厂用电系统和升压变电站等组成。发电机发出的电能，部分由厂用变压器降压供给水泵、风机、磨煤机等各种辅机和电厂照明等设备用电，称为厂用电或自用电。其余大部分电能，由主变压器升压后，经高压配电装置、输电线路送入电网。

除上述主体工程以外，燃煤发电厂还有包括储煤、输煤等系统组成的辅助工程，以及由废水处理系统、烟气处理设施、灰渣系统、危险废物暂存设施等组成的环保工程。

二、电力企业危险废物的排查和鉴别

电力企业可以结合企业实际，分区域、分系统开展危险废物的排查。通常，先全面排查固体废物，再鉴别出哪些是危险废物。电力企业可以按照一般工业固体废物和危险废物的产生环节、名称、类别、产生量、治理方式及去向等项目开展排查统计工作。排查统计工作要做到全面、准确，不遗漏任何属于企业承担安全管理责任的区域、场所和设备设施。大致可以按照如下步骤开展排查统计工作。

1. 固体废物产生环节、名称

电力企业排查统计固体废物的产生环节、名称，可以参照表4-1。

表4-1　　一般工业固体废物贮存、处置排污单位固体废物产生环节及名称表

序号	主要工艺系统（区域）	固体废物产生环节	废物名称
1	燃烧系统		
2	汽水系统		
…	…	…	…

2. 固体废物类别

固体废物类别包括一般工业固体废物和危险废物。排污单位依据《国家危险废物名录》《危险废物鉴别标准》（GB 5085）《危险废物鉴别技术规范》（H/T 298）判定其产生的固体废物是否为危险废物，并确定危险废物类别及代码；对于一般工业固体废物，依据《一般工业固体废物贮存和填埋污染控制标准》（GB 18599）判定其类别为第Ⅰ类或第Ⅱ类工业固体废物。

3. 固体废物产生量

可以依据实际生产运行情况或设计文件分析填报各项固体废物的产生量，一般以年为单位。此阶段如有需要，电力企业还可以进行产污能力、产污系数等指标的核定或核算。未投运或投运不满一年的项目，可根据环境影响评价文件及其审批、审核意见填报。

4. 固体废物治理方式及去向

固体废物治理方式包括贮存、利用和处置。固体废物去向包括自行贮存、自行利用、自行处置和委托有能力处理相应固体废物的单位贮存、利用或处置。

5. 固体废物治理设施名称及编号

电力企业如果有治理设施的，可以按照企业内部编号或根据《排污单位编码规则》（HJ 608），填写自行贮存设施、自行利用、自行处置设施名称及编号。

通过全面的排查、分析统计和鉴别后，电力企业可以参照表4-2形成企业固体废物统计表，也可以参照表4-2开展排查统计工作。

表4-2　　　　　　　　　　　企业固体废物统计表

废物名称	废物类别	废物代码	危险特性	产生环节	产生量	去向					
						自行利用、处置量	自行利用、处置方式	贮存量	委托处置量	委托处置单位	委托处置单位经营许可证编号	实际排放量

电力企业运行过程中产生的危险废物种类与其所采用的工艺有关，不同工艺产生不同的危险废物，且产生数量有较大差异。通常，产生的废脱硝催化剂与废变压器油有基本固定的产废系数。废脱硝催化剂产生量与发电量、煤质有关，也与企业管理水平相关；废变压器油产生量与发电量、设备质量有关，也与企业管理水平相关。废离子交换树脂、废矿物油、废含油抹布、废油渣、废酸液、废铅蓄电池、废保温材料、废包装物、废药品等危险废物没有固定的产生规律，实际管理操作中可根据实际情况进行统计确定。

电力企业对危险废物进行全面排查和鉴别后，应遵循"减量化、资源化、无害化"的原则，按照国家有关法律法规、标准规范，对危险废物产生、收集、贮存、转移、处置等实施全过程规范化管理。

第二节 电力企业危险废物的种类和鉴别

一、电力企业主要固体废物的种类和鉴别

本书以国内典型30MW/60MW燃煤发电厂为例，按照燃烧系统、汽水系统、电气系统、设备检修与维护和分析检测五个环节，对危险废物产生环节、种类进行全面分析和鉴别，供读者参考。

一般情况下，电力企业产生的固体废物可以依据《中华人民共和国固体废物污染环境防治法》《固体废物鉴别通则》《国家危险废物名录》对燃煤电厂所产生的主要固体废物进行鉴别，分别鉴别出一般工业固体废物和危险废物。特殊情况下，危险废物的鉴别可参照《危险废物鉴别标准》和《危险废物鉴别技术规范》进行鉴别。

一般地，国内30MW/60MW机组在生产运营中可能产生的固体废物主要是石子煤、炉渣、粉煤灰、脱硫石膏、废脱硝催化剂、废矿物油、废含油抹布、废油渣、废酸液、废变压器油、废保温材料、废铅蓄电池、废离子交换树脂、污泥、废包装物、废药品等。其中，一般工业固体废物有石子煤、炉渣、粉煤灰、脱硫石膏4种；危险废物主要有废油渣、废含油抹布、废保温材料、废包装物、废铅蓄电池、废变压器油、废脱硝催化剂、废矿物油、废酸液、废离子交换树脂、废药品11种。上述危险废物中，废含油抹布属于可以按照《危险废物豁免管理清单》管理的危险废物。

在电力企业中，危险废物具体产生的工艺系统、固体废物名称、产生过程和环节可参见表4-3。

表4-3　　　　　　　　　　　电力企业主要固体废物一览表

序号	工艺系统	固体废物名称	性质鉴定		产生环节
1	燃烧系统	石子煤	生产过程中产生的废弃物质报废产品	一般工业固体废物	选煤
2		炉渣	生产过程中产生的废弃物质报废产品	一般工业固体废物	锅炉燃烧
3		粉煤灰	其他污染控制设施产生的垃圾、残余渣、污泥	一般工业固体废物	烟气除尘
4		脱硫石膏	其他污染控制设施产生的垃圾、残余渣、污泥	一般工业固体废物	烟气脱硫
5		废脱硝催化剂	被污染的材料	危险废物	烟气脱硝（仅SCR工艺中产生）
6	设备检修与维护	废矿物油	被污染的材料	危险废物	设备检修与维护
7		废含油抹布	生产过程中产生的废弃物质报废产品	危险废物	设备检修与维护
8		废酸液	被污染的材料	危险废物	设备检修与维护
9		废保温材料	生产过程中产生的废弃物质报废产品	危险废物	设备检修与维护
10		废铅蓄电池	生产过程中产生的废弃物质报废产品	危险废物	设备检修与维护
11		废油渣	生产过程中产生的废弃物质报废产品	危险废物	燃油油罐
12	电气系统	废变压器油	生产过程中产生的废弃物质报废产品	危险废物	变压器维护、更换拆解过程
13	汽水系统	废离子交换树脂	被污染的材料	危险废物	软化水处理
14	废水处理系统	污泥	其他污染控制设施产生的垃圾、残余渣、污泥	一般工业固体废物	废水处理
15	分析检测	废药品	实验室产生的废弃物质	危险废物	分析检测
16	设备检修与维护/分析检测	废包装物	实验室产生的废弃物质 被污染的材料	危险废物	设备检修与维护 分析检测

二、电力企业危险废物鉴别

电力企业危险废物可以按照产生于燃烧系统、汽水系统、电气系统、设备检修与维护和分析检测五个环节来进行鉴别。

1. 燃烧系统

燃烧系统产生的危险废物主要是废脱硝催化剂（HW50废催化剂）：该催化剂主要成分是二氧化钛（TiO_2）、五氧化二钒（V_2O_5）、三氧化钨（WO_3）、三氧化钼（MoO_3）等，脱硝过程中催化剂沾染了烟气中大量镉（Cd）、铍（Be）、砷（As）、汞（Hg）等重金属。

根据《国家危险废物名录》，该废催化剂属于危险废物。

2. 汽水系统

汽水系统产生的危险废物主要是废离子交换树脂（HW13有机树脂类废物）：给水处理环节产生的废离子交换树脂，含有高分子有机物等有毒成分。

根据《国家危险废物名录》，该废树脂属于危险废物。

3. 电气系统

电气系统产生的危险废物主要是废变压器油（HW08 废矿物油与含矿物油废物）：废变压器油是指变压器油受外界杂质和设备本身高温的影响，导致变压器油品质下降，变质后的变压器油不能起到应有的绝缘、冷却作用而失效的变压器油。

电力企业设备维护环节产生废变压器油，含有多环芳烃、苯系物等有毒物质。根据《国家危险废物名录》，该废变压器油属于危险废物。

4. 设备检修与维护

设备检修与维护过程中产生的危险废物主要是废矿物油、废含油抹布、废油渣、废酸液、废铅蓄电池、废保温材料、废包装物等。

（1）废矿物油（HW08 废矿物油与含矿物油废物）：废矿物油是指从石油、煤炭、油页岩中提取和精炼，在开采、加工和使用过程中由于外在因素作用导致其改变了原有物理和化学性能，不能继续被使用的矿物油。

电力企业在设备检修与维护环节产生的废矿物油，含有石油类等有毒、易燃成分。根据《国家危险废物名录》，该废矿物油属于危险废物。

（2）废含油抹布（HW49其他废物）：设备在运行、检修过程产生废含油抹布，含有石油类等有毒、易燃成分。根据《国家危险废物名录》，废含油抹布属于危险废物。该危险废物已被列入豁免清单。

（3）废油渣（HW08 废矿物油与含矿物油废物）：燃油罐检修清理过程产生的废油渣，含有苯系物、酚类、芘、蒽等有毒、易燃物质。根据《国家危险废物名录》，该废油渣属于危险废物。

（4）废酸液（HW34 废酸）：使用含乙二胺四乙酸（EDTA）溶液清洗锅炉时产生废酸液，含EDTA等酸性成分。根据《国家危险废物名录》，该废酸液属于危险废物。

（5）废铅蓄电池（HW31其他废物）：主要是指主控室、配电装置以及各级电压配电装置的断路器合闸线圈、汽轮机和锅炉技术控制屏的控制信号回路、各汽轮机直流润滑油泵及氢冷直流密封油泵的电动机等直流用电设备使用后废弃的铅蓄电池。

电厂直流用电设备检修过程中产生废铅蓄电池，含有硫酸、铅、砷等多种有毒物质。根据《国家危险废物名录》，该废铅蓄电池属于危险废物。

（6）废保温材料（HW36 石棉废物）：主要是指燃煤电厂管道、烟道等设施外包裹的含石棉类材料因丧失保温效果后更换的废弃保温材料。

电厂管道检修过程中产生的废保温材料，含有石棉等有毒成分。根据《国家危险废物名录》，该废保温材料属于危险废物。

（7）废包装物（HW49 其他废物）：主要是指电力企业在设备检修与维护及分析检测过程中所产生的不用于原用途的油漆、涂料、化学药品等的包装物。

设备检修与维护过程中所使用的油漆等外包装物，具有毒性、易燃性等危险特性。根据《国家危险废物名录》，该废包装物属于危险废物。

5. 分析检测

分析检测过程中产生的危险废物主要是废包装物、废药品。

（1）废包装物（HW49 其他废物）：分析检测过程中所使用药剂的废弃包装物、容器、过滤吸附介质，含有或沾染毒性、感染性危险废物。根据《国家危险废物名录》，该废包装物属于危险废物。

（2）废药品（HW49 其他废物）：主要是指电力企业分析检测实验室产生的失效、变质、淘汰的药物和药品。这些废药品具有毒性、感染性等危险特性。根据《国家危险废物名录》，该废药品属于危险废物。

一般地，电力企业主要危险废物的产生环节、废物名称、主要污染物、废物类别、废物代码、危险废物来源等，可以参见表4-4。

表4-4　　　　　　　　电力企业主要危险废物一览表

序号	产废环节	废物名称	主要污染物	废物类别	废物代码	危险废物来源	备注
1	燃烧系统	废脱硝催化剂	V_2O_5、WO_3以及Hg、As等重金属	HW50 废催化剂	772-007-50	烟气脱硝过程产生的废钒钛系催化剂	仅产生于SCR脱硝系统
2	汽水系统	废离子交换树脂	高分子有机物	HW13 有机树脂类废物	900-015-13	废弃的离子交换树脂	仅产生于含离子交换技术的水处理工艺
3	电气系统	废变压器油	多环芳烃、苯系物等有毒物质	HW08 废矿物油与含矿物油废物	900-220-08	变压器维护、更换和拆解过程中产生的废变压器油	—

续表

序号	产废环节	废物名称	主要污染物	废物类别	废物代码	危险废物来源	备注
4	设备检修与维护	废矿物油	废润滑油	HW08 废矿物油与含矿物油废物	900-249-08	其他生产、销售、使用过程中产生的废矿物油及含废矿物油废物	—
5		废含油抹布	废润滑油	HW49 其他废物	900-041-49	废弃的含油抹布劳保用品	仅当少量废含油抹布混入生活垃圾处理时,全过程豁免,不按危险废物管理
6		废油渣	苯系物、酚类芘、蒽等有毒物质	HW08 废矿物油与含矿物油废物	900-221-08	废燃料油及燃料油储存过程中产生的油泥	—
7		废酸液	废酸	HW34 废酸	900-300-34	使用酸进行清洗产生的废酸液	—
8		废铅蓄电池	硫酸、铅、砷等多种有毒物质	HW31 其他废物	900-052-31	废弃的铅蓄电池、镉镍电池、氧化汞电池、汞开关、荧光粉和阴极射线管	—
9		废保温材料	石棉	HW36 石棉废物	900-032-36	含有隔膜、热绝缘体等石棉材料的设施保养拆换产生的石棉废物	—
10	设备检修与维护/分析检测	废包装物	含有或沾染毒性、感染性危险废物	HW49 其他废物	900-041-49	含有或沾染毒性、感染性危险废物的废弃包装物、容器、过滤吸附介质	例如废油漆桶、废弃的实验室化学药品包装物等
11	分析检测	废药品	废药品	HW49 其他废物	900-047-49	研究、开发和教学活动中,化学和生物实验室产生的废物	—

第五章
电力企业危险废物计划和台账管理

第一节　总体要求

危险废物计划管理和台账管理是企业一项重要的综合工作，近年来，国家针对危险废物污染防治发布了一系列相关文件。2020年4月，新修订的《中华人民共和国固体废物污染环境防治法》对危险废物管理计划制度、台账和申报制度等提出了新要求。2021年5月，国务院办公厅印发《强化危险废物监管和利用处置能力改革实施方案》（简称《实施方案》），明确提出要实现危险废物产生情况在线申报、管理计划在线备案。2022年6月，生态环境部印发《危险废物管理计划和管理台账制定技术导则》（简称《技术导则》），对运用国家危险废物信息管理系统开展危险废物管理计划备案、管理台账记录和有关资料申报的要求作出具体规定，为巩固和深化危险废物规范化环境管理工作成效，进一步夯实企业污染防治主体责任提供了制度保障。

一、管理原则

危险废物计划和台账管理，要坚持以下三个原则：

（1）依法依规。要严格依据《中华人民共和国固体废物污染环境防治法》《实施方案》等法律法规和政策文件要求，针对危险废物管理计划的制定与备案、台账管理记录、有关资料申报作出了具体规定。同时充分运用信息化手段，推动实现危险废物产生、收集、贮存、转移、利用处置等全过程监控和信息化追溯。转移危险废物的，应当通过国家危险废物信息管理系统填写、运行危险废物电子转移联单，并依照国家有关规定公开危险废物转移相关污染环境防治信息。

（2）分类管理。按照《中华人民共和国固体废物污染环境防治法》关于"实施分级分类管理"的规定，在环境风险可控前提下，根据危险废物的产生数量和环境风险等因素，将产生危险废物的单位分为危险废物环境重点监管单位、危险废物简化管理单位和危险废物登记管理单位，并对不同管理类别的单位提出不同管理要求。

（3）科学合理。根据危险废物环境管理现状，统一规范管理计划、台账、申报等危险废物环境管理基本要求。

二、管理类型分类

为突出管理重点，提高管理效率，根据危险废物的产生数量和环境风险等因素，《技术导则》根据危险废物的产生数量和环境风险等因素，将产生危险废物的单位的管理类别，按照以下原则分为危险废物环境重点监管单位、危险废物简化管理单位和危险废物登记管理单位。

1. 危险废物环境重点监管单位

具备下列条件之一的单位，纳入危险废物环境重点监管单位：

（1）同一生产经营场所危险废物年产生量100t及以上的单位。

（2）具有危险废物自行利用处置设施的单位。

（3）持有危险废物经营许可证的单位。

2. 危险废物简化管理单位

同一生产经营场所危险废物年产生量10t及以上且未纳入危险废物环境重点监管单位的单位。

3. 危险废物登记管理单位

同一生产经营场所危险废物年产生量10t以下且未纳入危险废物环境重点监管单位的单位。同时，考虑到各地实际情况，《技术导则》规定，设区的市级以上地方人民政府生态环境主管部门可以根据国家对危险废物分级分类管理的有关规定，结合本地区实际情况，确定产生危险废物的单位的管理类别。其中，危险废物年产生量按以下方法确定：

（1）投运满3年的，其危险废物年产生量按照近3年年最大量确定。

（2）投运满1年但不满3年的，危险废物年产生量按投运期间年最大量确定。

（3）未投运、投运不满1年或间歇产生危险废物周期大于3年的，按照环境影响评价文件、排污许可证副本等文件中较大的危险废物核算量确定。

三、管理基本要求

据统计，危险废物环境重点监管单位数量占危险废物相关单位的比例不足一成，但危险废物产生量占比超九成。国家为落实"放管服"要求，减轻企业负担，在环境风险可控的前提下，《技术导则》对不同管理类别的单位提出差异化管理要求。

1. 危险废物管理计划制定内容

危险废物管理计划制定内容应根据产生危险废物的单位的管理类别确定。对于危险废物环境重点监管单位，管理计划制定内容信息相对较多；对于简化管理单位和登记管理单位，管理计划制定内容相应减少。

2. 危险废物有关资料申报周期

危险废物的种类、产生量、流向、贮存、利用、处置等有关资料的申报周期应根据产生危险废物的单位的管理类别确定。在按年度申报的基础上，分别对危险废物环境重点监管单位和简化管理单位增加按月度和按季度申报的要求。

3. 其他要求

鼓励有条件的地区在危险废物环境重点监管单位推行电子地磅、视频监控、电子标签等集成智能监控手段，如实记录危险废物有关信息，有条件的可与国家危险废物信息管理系统联网。

第二节 危险废物管理计划的制定

每年年底前，企业要结合本企业当年生产、检修等任务安排，预测次年各类危险废物产生情况，按照《技术导则》规定的分类管理要求，制定危险废物管理计划，内容应当包括减少危险废物产生量和降低危险废物危害性的措施以及危险废物贮存、利用、处置措施，并通过国家危险废物信息管理系统向所在地生态环境主管部门备案危险废物管理计划，申报危险废物有关资料。年度管理计划应存档5年以上，当地生态环境主管部门另有要求的按要求执行。

一、制定单位要求

同一法人单位或者其他组织所属但位于不同生产经营场所的单位，应当以每个生产经营场所为单位，分别制定危险废物管理计划，并通过国家危险废物信息管理系统向生产经营场所所在地生态环境主管部门备案。

电力企业危险废物管理计划一般应由具有独立法人资格的产废电力企业制定。风电、光伏电力企业一般应由具有独立法人资格的风电管理公司或新能源管理公司制定。

二、制定形式及时限要求

（1）产生危险废物的单位应当按年度制定危险废物管理计划。

（2）产生危险废物的单位应当于每年3月31日前通过国家危险废物信息管理系统在线填写并提交当年度的危险废物管理计划，由国家危险废物信息管理系统自动生成备案编号和回执，完成备案。

（3）危险废物管理计划备案内容需要调整的，产生危险废物的单位应当及时变更。

三、基本原则

(1)危险废物环境重点监管单位的管理计划制定内容应包括单位基本信息、设施信息、危险废物产生信息、危险废物贮存信息、危险废物自行利用/处置信息、危险废物减量化计划和措施、危险废物转移信息。

(2)危险废物简化管理单位的管理计划制定内容应包括单位基本信息、危险废物产生信息、危险废物贮存信息、危险废物减量化计划和措施、危险废物转移信息。

(3)危险废物登记管理单位的管理计划制定内容应包括单位基本信息、危险废物产生信息、危险废物转移信息。

四、填写内容及基本要求

1. 危险废物单位基本信息

单位基本信息填写内容参见表5-1。

表 5-1　　　　　　　　　单位基本信息表

(危险废物环境重点监管单位、危险废物简化管理单位、危险废物登记管理单位填写)

单位名称		注册地址	
生产经营场所地址		行政区划	
行业类别		行业代码	
生产经营场所中心经度		生产经营场所中心纬度	
统一社会信用代码		管理类别	
法定代表人		联系电话	
危险废物环境管理技术负责人		联系电话	
是否有环境影响评价审批文件		环境影响评价审批文件文号或备案编号	
是否有排污许可证或是否进行排污登记		排污许可证证书编号或排污登记表编号	

表5-1中:

(1)行业类别:根据《国民经济行业分类》(GB/T 4754)中对应的类别和代码填写。

(2)管理类别:是指危险废物环境重点监管单位、危险废物简化管理单位或者危险废物登记管理单位。

2. 危险废物设施信息

设施信息填写内容参见表5-2。

表 5-2　　　　　　　　　　　设施信息表

（危险废物环境重点监管单位填写）

序号	主要生产单元名称	主要工艺名称	设施名称	设施编码	污染防治设施参数		生产设施生产能力		产品产量					原辅材料		
					参数名称	设计值 计量单位	生产能力	计量单位	中间产品名称	中间产品数量	计量单位	最终产品名称	最终产品数量	计量单位	种类	名称	用量	计量单位
1																		
2																		
3																		

表 5-2 中：

（1）主要生产单元、主要工艺、生产设施及设施参数、产品名称、生产能力、原辅材料：与排污许可证副本中载明的内容保持一致。

（2）设施编码：填写排污许可证副本中载明的编码。若无编码，则根据《排污单位编码规则》（HJ 608）进行编码并填写。对于产生环节不固定的危险废物，选取其中一个产生该类别危险废物的设施编码填写。

（3）污染防治设施参数：指危险废物自行利用设施、自行处置设施和贮存设施的参数。

3. 危险废物产生情况

危险废物产生情况填写内容参见表 5-3。

表 5-3　　　　　　　　　危险废物产生情况信息表

（危险废物环境重点监管单位、危险废物简化管理单位、危险废物登记管理单位填写）

序号	产生危险废物设施编码	产生危险废物设施名称	对应产废环节名称	危险废物名称		危险废物类别	危险废物代码	有害成分名称	形态	危险特性	本年度预计产生量	计量单位	内部治理方式及去向				
				行业俗称/单位内部名称	国家危险废物名录名称								自行利用设施编码	自行利用设施设计能力	自行处置设施编码	自行处置设施设计能力	贮存设施编码	贮存设施设计能力
1	自动生成	自动生成											自动生成		自动生成		自动生成	
2																		
3																		

表5-3中：

（1）危险废物名称、类别、代码和危险特性：依据《国家危险废物名录》或根据《危险废物鉴别标准》（GB 5085.1~7）和《危险废物鉴别技术规范》（HJ 298）判定并填写。有行业俗称或单位内部名称的，同时填写行业俗称或单位内部名称。

（2）有害成分名称：危险废物中对环境有害的主要污染物名称，如苯系物、氰化物、砷等。

（3）产生危险废物设施名称和编码：依据表5-2设施信息表部分填写的生产设施名称、生产设施编码填写，可由国家危险废物信息管理系统自动生成。

（4）本年度预计产生量：本年度预计产生的危险废物量。

（5）计量单位：填写t（吨）。以L（升）、m³（立方米）等体积计量的，应折算成质量（t）；以个数作为计量单位的，除填写个数外，还应折算成质量（t）。

（6）内部治理方式及去向：自行利用设施编码、自行处置设施编码和贮存设施编码依据表5-2设施信息表部分填写的污染防治设施编码填写，可由国家危险废物信息管理系统自动生成。

4. 危险废物贮存情况

危险废物贮存情况填写内容参见表5-4。危险废物贮存能力应与排污许可证副本中载明的保持一致，或根据产生危险废物的单位环境影响评价文件及审批意见确定。

表5-4　　　　　　　　危险废物贮存情况信息表

（危险废物环境重点监管单位、危险废物简化管理单位填写）

序号	贮存设施编码	贮存设施类型	危险废物名称 行业俗称/单位内部名称	危险废物名称 国家危险废物名录名称	危险废物类别	危险废物代码	有害成分名称	形态	危险特性	包装形式	本年度预计剩余贮存量	计量单位
1	自动生成		自动生成	自动生成	自动生成	自动生成	自动生成	自动生成	自动生成			
2												
3												

表5-4中：

（1）危险废物名称、类别、代码、有害成分名称、形态、危险特性：依据表5-3危险废物产生情况信息表相关信息填写，可由国家危险废物信息管理系统自动生成。

（2）贮存设施编码：依据表5-2设施信息表部分填写的污染防治设施编码填写，可由国家危险废物信息管理系统自动生成。

（3）贮存设施类型：根据《危险废物贮存污染控制标准》（GB 18597）中贮存设施类型填写。

（4）包装形式：包括包装容器、材质、规格等。

（5）本年度预计剩余贮存量：预计截至本年底贮存设施内危险废物的库存量。

（6）计量单位：填写t（吨）。以L（升）、m^3（立方米）等体积计量的，应折算成质量（t）；以个数作为计量单位的，除填写个数外，还应折算成质量（t）。

5. 危险废物自行利用/处置情况

危险废物自行利用/处置情况填写内容参见表5-5。危险废物自行利用/处置能力应与排污许可证副本中载明的保持一致，或根据产生危险废物的单位环境影响评价文件及审批意见确定。

表5-5　　　　　　　　危险废物自行利用/处置情况信息表
（危险废物环境重点监管单位填写）

序号	设施类型	设施编码	危险废物名称 行业俗称/单位内部名称	危险废物名称 国家危险废物名录名称	危险废物类别	危险废物代码	有害成分名称	形态	危险特性	自行利用/处置方式代码	本年度预计自行利用/处置量	计量单位
1		自动生成	自动生成	自动生成	自动生成	自动生成	自动生成	自动生成	自动生成			
2												
3												

表5-5中：

（1）设施类型：指自行利用设施和自行处置设施。

（2）危险废物名称、类别、代码、有害成分名称、形态、危险特性：依据表5-3危险废物产生情况信息表相关信息填写，可由国家危险废物信息管理系统自动生成。

（3）自行利用/处置设施编码：依据表5-2设施信息表部分填写的污染防治设施编码填写，可由国家危险废物信息管理系统自动生成。

（4）自行利用/处置方式代码：根据《排污许可证申请与核发技术规范　工业固体废物和危险废物治理》（HJ 1033）中的附录F填写。

（5）本年度预计自行利用/处置量：本年度预计自行利用/处置的危险废物量。

（6）计量单位：填写t（吨）。以L（升）、m^3（立方米）等体积计量的，应折算成质量（t）；以个数作为计量单位的，除填写个数外，还应折算成质量（t）。

6. 危险废物减量化情况

危险废物减量化计划和措施填写内容参见表5-6。根据自身产品生产和危险废物产生情况，在借鉴同行业发展水平和经验的基础上，提出减少危险废物产生量和降低危险废物危害性措施的计划，明确改进原料、工艺、技术、管理等。

表5-6　　　　　　　　　　危险废物减量化计划和措施

（危险废物环境重点监管单位、危险废物简化管理单位填写）

<table>
<tr><th rowspan="2"></th><th rowspan="2">序号</th><th colspan="2">危险废物名称</th><th rowspan="2">本年度预计产生量</th><th rowspan="2">预计减少量</th><th rowspan="2">计量单位</th></tr>
<tr><th>行业俗称/单位内部名称</th><th>国家危险废物名录名称</th></tr>
<tr><td rowspan="3">减少危险废物产生量的计划</td><td>1</td><td>自动生成</td><td>自动生成</td><td></td><td></td><td></td></tr>
<tr><td>2</td><td></td><td></td><td></td><td></td><td></td></tr>
<tr><td colspan="3">合计</td><td></td><td></td><td></td></tr>
<tr><td>降低危险废物危害性的计划</td><td colspan="6"></td></tr>
<tr><td>减少危险废物产生量和降低危害性的措施</td><td colspan="6">可以包括以下几个方面：改进设计、采用先进的工艺技术和设备、使用清洁的能源和原料、改善管理、危险废物综合利用、提高污染防治水平等</td></tr>
</table>

7. 危险废物转移

危险废物转移情况填写内容参见表5-7。

表5-7　　　　　　　　　　危险废物转移情况信息表

（危险废物环境重点监管单位、危险废物简化管理单位、危险废物登记管理单位填写）

<table>
<tr><th rowspan="3">序号</th><th rowspan="3">转移类型</th><th colspan="2">危险废物名称</th><th rowspan="3">危险废物类别</th><th rowspan="3">危险废物代码</th><th rowspan="3">有害成分名称</th><th rowspan="3">形态</th><th rowspan="3">危险特性</th><th rowspan="3">本年度预计转移量</th><th rowspan="3">计量单位</th><th rowspan="3">利用/处置方式代码</th><th rowspan="3">拟接收单位类型</th><th colspan="2">危险废物经营许可证持有单位</th><th rowspan="3">危险废物利用处置环节豁免管理单位</th><th rowspan="3">中华人民共和国境外的危险废物利用处置单位</th></tr>
<tr><th rowspan="2">行业俗称/单位内部名称</th><th rowspan="2">国家危险废物名录名称</th><th rowspan="2">单位名称</th><th rowspan="2">许可证编码</th></tr>
<tr></tr>
<tr><td>　</td><td></td><td></td><td></td><td></td><td></td><td></td><td></td><td></td><td></td><td></td><td></td><td></td><td></td><td></td><td>单位名称</td><td>单位名称</td></tr>
<tr><td>1</td><td>自动生成</td><td>自动生成</td><td>自动生成</td><td>自动生成</td><td>自动生成</td><td>自动生成</td><td></td><td></td><td></td><td></td><td></td><td></td><td>自动生成</td><td></td><td></td><td></td></tr>
<tr><td>2</td><td></td><td></td><td></td><td></td><td></td><td></td><td></td><td></td><td></td><td></td><td></td><td></td><td></td><td></td><td></td><td></td></tr>
<tr><td>3</td><td></td><td></td><td></td><td></td><td></td><td></td><td></td><td></td><td></td><td></td><td></td><td></td><td></td><td></td><td></td><td></td></tr>
</table>

表5-7中：

（1）转移类型：指省内转移、跨省转移和境外转移。

（2）危险废物名称、类别、代码、有害成分名称、形态、危险特性：依据表5-3危险废物产生情况表部分相关信息填写，可由国家危险废物信息管理系统自动生成。

（3）本年度预计转移量：本年度预计转移的危险废物量。

（4）计量单位：填写t（吨）。以L（升）、m^3（立方米）等体积计量的，应折算成质量（t）；以个数作为计量单位的，除填写个数外，还应折算成质量（t）。

（5）利用/处置方式代码：根据《排污许可证申请与核发技术规范　工业固体废物和危险废物治理》（HJ 1033）中的附录F填写。

（6）拟接收单位类型：危险废物经营许可证持有单位、危险废物利用处置环节豁免管理单位、中华人民共和国境外的危险废物利用处置单位等。

（7）拟接收危险废物经营许可证持有单位名称、经营许可证编号：应当与国家危险废物信息管理系统中登记的危险废物经营许可证持有单位相关信息关联并一致，可由国家危险废物信息管理系统自动生成。

（8）危险废物利用处置环节豁免管理单位的相关信息应在国家危险废物信息管理系统中登记。

（9）危险废物出口至境外的，应在国家危险废物信息管理系统中填写中华人民共和国境外的危险废物利用处置单位信息。

第三节　危险废物管理台账的制定

企业应结合实际情况，如实记载危险废物的种类、产生量、流向、贮存、利用处置等信息。鼓励电力企业采用信息化手段管理危险废物台账。危险废物管理台账保存时间原则上应存档5年以上。

一、基本原则

（1）产生危险废物的单位应建立危险废物管理台账，落实危险废物管理台账记录的责任人，明确工作职责，并对危险废物管理台账的真实性、准确性和完整性负法律责任。

（2）产生危险废物的单位应根据危险废物产生、贮存、利用、处置等环节的动态流向，如实建立各环节的危险废物管理台账。

（3）危险废物管理台账分为电子管理台账和纸质管理台账两种形式。产生危险废物的单位可通过国家危险废物信息管理系统、企业自建信息管理系统或第三方平台等方式记录电子管理台账。

二、频次要求

危险废物产生后盛放至容器和包装物的,应按每个容器和包装物进行记录;产生后采用管道等方式输送至贮存场所的,按日记录;其他特殊情形的,根据危险废物产生规律确定记录频次。

三、记录内容

(1)危险废物产生环节:应记录产生批次编码、产生时间、危险废物名称、危险废物类别、危险废物代码、产生量、计量单位、容器/包装编码、容器/包装类型、容器/包装数量、产生危险废物设施编码、产生部门经办人、去向等,具体填写内容见表5–8。

(2)危险废物入库环节:应记录入库批次编码、入库时间、容器/包装编码、容器/包装类型、容器/包装数量、危险废物名称、危险废物类别、危险废物代码、入库量、计量单位、贮存设施编码、贮存设施类型、运送部门经办人、贮存部门经办人、产生批次编码等,具体填写内容见表5–9。

(3)危险废物出库环节:应记录出库批次编码、出库时间、容器/包装编码、容器/包装类型、容器/包装数量、危险废物名称、危险废物类别、危险废物代码、出库量、计量单位、贮存设施编码、贮存设施类型、出库部门经办人、运送部门经办人、入库批次编码、去向等,具体填写内容见表5–10。

(4)危险废物自行利用/处置环节:应记录自行利用/处置批次编码、自行利用/处置时间、容器/包装编码、容器/包装类型、容器/包装数量、危险废物名称、危险废物类别、危险废物代码、自行利用/处置量、计量单位、自行利用/处置设施编码、自行利用/处置方式、自行利用/处置完毕时间、自行利用/处置部门经办人、产生批次编码/出库批次编码等,具体填写内容见表5–11。

(5)危险废物委外利用/处置环节:应记录委外利用/处置批次编码、出厂时间、容器/包装编码、容器/包装类型、容器/包装数量、危险废物名称、危险废物类别、危险废物代码、委外利用/处置量、计量单位、利用/处置方式、接收单位类型、利用/处置单位名称、许可证编码/出口核准通知单编号、产生批次编码/出库批次编码等,具体填写内容见表5–12。

表 5-8 危险废物产生环节记录表

序号	产生批次编码	产生时间	危险废物名称 行业俗称/单位内部名称	危险废物名称 国家危险废物名录名称	危险废物类别	危险废物代码	产生量	计量单位	容器/包装编码	容器/包装类型	容器/包装数量	产生危险废物设施编码	产生部门经办人	去向
1														
2														
3														

注　产生批次编码可采用"产生"首字母加年月日再加编号的方式设计，例如"HWCS20211031001"。

表 5-9 危险废物入库环节记录表

序号	入库批次编码	入库时间	危险废物名称 行业俗称/单位内部名称	危险废物名称 国家危险废物名录名称	危险废物类别	危险废物代码	入库量	计量单位	容器/包装编码	容器/包装类型	容器/包装数量	贮存设施编码	贮存设施类型	运送部门经办人	贮存部门经办人	产生批次编码
1																
2																
3																

注　入库批次编码可采用"入库"首字母加年月日再加编号的方式设计，例如"HWRK20211031001"。

表 5-10 危险废物出库环节记录表

序号	出库批次编码	出库时间	危险废物名称 行业俗称/单位内部名称	危险废物名称 国家危险废物名录名称	危险废物类别	危险废物代码	出库量	计量单位	容器/包装编码	容器/包装类型	容器/包装数量	贮存设施编码	贮存设施类型	出库部门经办人	运送部门经办人	入库批次编码	去向
1																	
2																	
3																	

注　出库批次编码可采用"出库"首字母加年月日再加编号的方式设计，例如"HWCK20211031001"。

第五章 电力企业危险废物计划和台账管理

表5-11 危险废物自行利用/处置环节记录表

序号	自行利用/处置批次编码	自行利用/处置时间	容器/包装编码	容器/包装类型	容器/包装数量	危险废物名称 行业俗称/单位内部名称	危险废物名称 国家危险废物名录名称	危险废物类别	危险废物代码	自行利用/处置量	计量单位	自行利用/处置设施编码	自行利用/处置方式	自行利用/处置完毕时间	自行利用/处置部门经办人	产生批次编码/出库批次编码
1																
2																
3																

注：自行利用/处置批次编码可采用"自行利用"或"自行处置"首字母加年月日再加编号的方式设计，例如"HWZXLY20211031001"或"HWZXCZ20211031001"。

表5-12 危险废物委外利用/处置记录表

序号	委外利用/处置批次编码	出厂时间	容器/包装编码	容器/包装类型	容器/包装数量	危险废物名称 行业俗称/单位内部名称	危险废物名称 国家危险废物名录名称	危险废物代码	委外利用/处置量	计量单位	利用/处置方式	接收单位类型	危险废物经营许可证持有单位 单位名称	危险废物经营许可证持有单位 许可证编码	危险废物利用处置环节豁免管理单位 单位名称	中华人民共和国境外的危险废物利用处置单位 单位名称	中华人民共和国境外的危险废物利用处置单位 出口核准通知单编号	产生批次编码/出库批次编码
1																		
2																		
3																		

73

四、具体要求

按照《危险废物管理计划和管理台账制定技术导则》（HJ 1259—2022）分类管理要求，做好危险废物计划制定、台账管理和申报相关工作。通常，火电企业年度危险废物产生量超过100t/年，一般按危险废物重点监管单位管理；水电企业年度危险废物产生量为10~100t/年，一般按危险废物简化管理单位管理；风电企业年度危险废物产生量根据风电装机容量不同，超过100t/年的，按照危险废物重点监管单位管理，超过10t/年且未超过100t/年的，按照危险废物简化管理单位管理；光伏企业年度危险废物产生量一般不会超过10t/年，一般按照危险废物登记管理单位管理。

1. 如实记录、同步更新

电力企业应根据危险废物的产生工序记录、危险废物特性和危险废物产生情况，如实填写危险废物管理台账。企业在按要求通过国家危险废物信息管理系统记录电子管理台账，同时还应建立纸质管理台账。

电力企业在实际生产过程中，应根据危险废物产生、贮存、利用处置等环节的动态流向，及时如实填写纸质版《危险废物产生环节记录表》《危险废物入库环节记录表》《危险废物出库环节记录表》《危险废物自行利用处置环节记录表》《危险废物委托利用处置环节记录表》（格式参见表5–8~表5–12），同时及时在国家危险废物信息管理系统、企业自建的信息管理系统等同步更新电子管理台账，纸质管理台账和电子管理台账内容应同步更新、保持一致。

2. 定期汇总、专人保管

企业应明确危险废物产生、入库、出库、处置利用等全过程管理责任部门和责任人，定期汇总危险废物台账记录表和转移联单，总结危险废物产生量、自行利用处置情况、委托外单位利用处置情况、临时贮存量等内容，形成内部报表。对需要重点监管的危险废物（如剧毒危险废物），可建立内部转移联单制度，进行全过程追踪管理。

设备部或检修维护部负责建立危险废物产生环节记录台账。应设置专人负责汇总记录各类危险废物产生情况，并及时向危险废物临时贮存管理部门办理移交，杜绝检修现场违规堆放或贮存危险废物。

物资管理部负责建立危险废物入库/出库/自行利用、处置/委外利用或处置管理台账。其中危险废物入库、出库登记台账手写板悬挂于危险废物贮存地点，实时记录、更新，详细记录危险废物出入库的时间、质量、数量、经办人、出库去向等详细信息。根据危险废物产生情况，每月3日之前物资管理部门应汇总所贮存的危险废物进出库台账、处置利用台账，同时抄送一份给企业环保管理专责。物资管理部在办理完危险废物利用处置转移手续后 7 日之内，应将危险废物转移联单复印件抄送企业环保管理专责。

第四节　危险废物申报管理

一、基本原则

（1）产生危险废物的单位应定期通过国家危险废物信息管理系统向所在地生态环境主管部门申报危险废物的种类、产生量、流向、贮存、利用、处置等有关资料。

（2）产生危险废物的单位应根据危险废物管理台账记录归纳总结申报期内危险废物有关情况，保证申报内容的真实性、准确性和完整性，按时在线提交至所在地生态环境主管部门，台账记录留存备查。

（3）产生危险废物的单位可以自行申报，也可以委托危险废物经营许可证持有单位或者经所在地生态环境主管部门同意的第三方单位代为申报。

二、申报周期

（1）危险废物环境重点监管单位应当按月度和年度申报危险废物有关资料，且于每月 15 日前和每年 3 月 31 日前分别完成上一月度和上一年度的申报。

（2）危险废物简化管理单位应当按季度和年度申报危险废物有关资料，且于每季度首月 15 日前和每年 3 月 31 日前分别完成上一季度和上一年度的申报。

（3）危险废物登记管理单位应当按年度申报危险废物有关资料，且于每年 3 月 31 日前完成上一年度的申报。

三、申报内容

通过国家危险废物信息管理系统建立危险废物电子管理台账的单位，国家危险废物信息管理系统自动生成危险废物申报报告，经其确认并在线提交后，完成申报。申报内容包括危险废物产生情况、危险废物自行利用/处置情况、危险废物委托外单位利用/处置情况、贮存情况，申报报告格式见表 5-13～表 5-15。

表5-13　　　年　　　月危险废物月度申报报告表

序号	危险废物名称			产生情况					自行利用/处置情况			委托外单位利用/处置情况					贮存情况		
	行业俗称/单位内部名称	国家危险废物名录名称	危险废物类别	危险废物代码	有害成分名称	形态	危险特性	产生量	计量单位	利用/处置方式	利用/处置量	计量单位	省（区、市）	单位名称	危废物经营许可证编号/利用处置单位豁免管理编号/出口核准通知单编号	利用/处置环节编号	利用/处置方式	上月底剩余贮存量	计量单位	本月底剩余贮存量	计量单位
1																				
2																				
3																				

表5-14　　　年第　　　季度危险废物季度申报报告表

序号	危险废物名称			产生情况					自行利用/处置情况			委托外单位利用/处置情况					贮存情况		
	行业俗称/单位内部名称	国家危险废物名录名称	危险废物类别	危险废物代码	有害成分名称	形态	危险特性	产生量	计量单位	利用/处置方式	利用/处置量	计量单位	省（区、市）	单位名称	危险废物经营许可证编号/豁免管理编号/出口核准通知单编号	利用处置环节编号	利用/处置方式	上季度底剩余贮存量	计量单位	本季度底剩余贮存量	计量单位
1																				
2																				
3																				

表 5-15　年危险废物年度申报报告表

危险废物名称			产生情况						自行利用/处置情况				委托外单位利用/处置情况					贮存情况			
行业俗称/单位内部名称	国家危险废物名录名称	危险废物类别	危险废物代码	有害成分名称	形态	危险特性	产生量	计量单位	利用/处置方式	利用/处置量	计量单位	省(区、市)	单位名称	危险废物经营许可证编号/豁免环节管理单位编号/出口核准通知单编号	利用/处置方式	利用/处置量	计量单位	上年底剩余贮存量	计量单位	本年底剩余贮存量	计量单位
1																					
2																					
3																					
4																					
5																					
6																					

四、档案管理

企业危险废物牵头管理部门每年应将上一年度危险废物管理计划、危险废物管理台账、危险废物处置合同、危险废物转移联单、危险废物申报登记报告、应急预案及环境应急演练记录、员工培训记录等相关资料装订成册,妥善保管。危险废物管理台账档案汇总表见表5-16。

表5-16　　　　　　　　危险废物管理台账档案汇总表

序号	名称	责任部门	单位类型	保存周期	备注
1	危险废物管理计划	环保管理部门牵头,相关部门配合			
1.1	单位基本信息表	环境保护部门	重点监管单位 简化管理单位 登记管理单位	1年	每年3月31日前通过国家危险废物信息管理系统在线填写并提交,自动生成备案编号和回执,完成备案。下载后打印存档
1.2	设施信息表	生产管理部门	重点监管单位	1年	
1.3	危险废物产生情况信息表	设备或检修管理部门	重点监管单位 简化管理单位 登记管理单位	1年	
1.4	危险废物贮存情况信息表	物资管理部门	重点监管单位 简化管理单位	1年	
1.5	危险废物自行利用/处置情况信息表	物资管理部门	重点监管单位	1年	
1.6	危险废物减量化计划和措施	设备或检修管理部门	重点监管单位 简化管理单位	1年	
1.7	危险废物转移情况信息表	物资管理部门	重点监管单位 简化管理单位 登记管理单位	1年	
2	危险废物管理台账记录				
2.1	危险废物产生环节记录表	设备或检修管理部门	重点监管单位 简化管理单位 登记管理单位	5年	危险废物产生部门留存,每次产生危险废物时及时记录更新,每月3日前汇总
2.2	危险废物入库环节记录表	物资管理部门	重点监管单位 简化管理单位 登记管理单位	5年	放置在危险废物库房就地,每次记录更新,每月3日前汇总
2.3	危险废物出库环节记录表	物资管理部门	重点监管单位 简化管理单位 登记管理单位	5年	

续表

序号	名 称	责任部门	单位类型	保存周期	备注
2.4	危险废物自行利用/处置环节记录表	物资管理部门	重点监管单位 简化管理单位 登记管理单位	5年	放置在危险废物库房就地，每次记录更新，每月3日前汇总
2.5	危险废物委外利用/处置记录表	物资管理部门	重点监管单位 简化管理单位 登记管理单位	5年	
3	危险废物申报报告				
3.1	危险废物月度申报报告表	物资管理部门	重点监管单位	5年	每月15日前通过国家危险废物信息管理系统完成上一月度申报，按月装订成册
3.2	危险废物季度申报报告表	物资管理部门	简化管理单位	5年	每季度首月15日前通过国家危险废物信息管理系统完成上一季度申报，按季度装订成册
3.3	危险废物年度申报报告表	物资管理部门	重点监管单位 简化管理单位	5年	每年3月31日前通过国家危险废物信息管理系统完成上一年度申报
4	危险废物委托处置单位基本情况	物资管理部门	重点监管单位 简化管理单位 登记管理单位	3年	包括企业营业执照、排污许可证、危险废物许可证、环评、竣工验收、企业生产工艺、企业处置能力、业绩合同等
5	危险废物处置合同	物资管理部门	重点监管单位 简化管理单位 登记管理单位	3年	原则上1年1签，也可以签订长期合同
6	危险废物转移联单	物资管理部门	重点监管单位 简化管理单位 登记管理单位	3年	建立目录，汇编成册
7	危险废物应急预案及应急演练记录	环境保护管理部门	重点监管单位 简化管理单位 登记管理单位	1年	至少每年开展一次实战演练
8	危险废物管理员工培训记录	培训管理部门	重点监管单位 简化管理单位 登记管理单位	1年	至少每年对相关人员组织开展一次培训
9	危险库房建设环评手续和验收手续	物资管理部门或环保管理部门	重点监管单位 简化管理单位 登记管理单位	长期	根据地方要求执行

第六章

电力企业危险废物收集与运输、转移与处置管理

第一节　收集与运输管理

危险废物管理实行分类管理，集中收集，全过程监督，实现危险废物的减量化、资源化和无害化。危险废物的收集和运输过程中，应当建立相应的规章制度和污染防治措施，切实落实防扬散、防流失、防渗漏或者其他防止污染环境的措施。危险废物产生单位内部自行从事的危险废物收集、运输活动，应遵照国家相关管理规定建立健全规章制度，制定收集转运工作方案和操作流程，完善相关应急预案，确保该过程的安全、可靠。

一、法律法规相关规定

1.《中华人民共和国固体废物污染环境防治法》

第二十条　产生、收集、贮存、运输、利用、处置固体废物的单位和其他生产经营者，应当采取防扬散、防流失、防渗漏或者其他防止污染环境的措施，不得擅自倾倒、堆放、丢弃、遗撒固体废物。

禁止任何单位或者个人向江河、湖泊、运河、渠道、水库及其最高水位线以下的滩地和岸坡以及法律法规规定的其他地点倾倒、堆放、贮存固体废物。

2.《危险废物贮存污染控制标准》（GB 18597—2023）

第4.1条　产生、收集、贮存、利用、处置危险废物的单位应建造危险废物贮存设施或设置贮存场所，并根据需要选择贮存设施类型。

第4.2条　贮存危险废物应根据危险废物的类别、数量、形态、物理化学性质和环境风险等因素，确定贮存设施或场所类型和规模。

第4.3条　贮存危险废物应根据危险废物的类别、形态、物理化学性质和污染防治要求进行分类贮存，且应避免危险废物与不相容的物质或材料接触。

第4.4条　贮存危险废物应根据危险废物的形态、物理化学性质、包装形式和污染物迁移途径，采取措施减少渗滤液及其衍生废物、渗漏的液态废物（简称渗漏液）、粉尘、VOCs、酸雾、有毒有害大气污染物和刺激性气味气体等污染物的产生，防止其污

染环境。

第4.5条 危险废物贮存过程产生的液态废物和固态废物应分类收集，按其环境管理要求妥善处理。

第4.6条 贮存设施或场所、容器和包装物应按 HJ 1276 要求设置危险废物贮存设施或场所标志、危险废物贮存分区标志和危险废物标签等危险废物识别标志。

第4.7条 HJ 1259 规定的危险废物环境重点监管单位，应采用电子地磅、电子标签、电子管理台账等技术手段对危险废物贮存过程进行信息化管理，确保数据完整、真实、准确；采用视频监控的应确保监控画面清晰，视频记录保存时间至少为3个月。

第4.8条 贮存设施退役时，所有者或运营者应依法履行环境保护责任，退役前应妥善处理处置贮存设施内剩余的危险废物，并对贮存设施进行清理，消除污染；还应依据土壤污染防治相关法律法规履行场地环境风险防控责任。

第4.9条 在常温常压下易爆、易燃及排出有毒气体的危险废物应进行预处理，使之稳定后贮存，否则应按易爆、易燃危险品贮存。

第4.10条 危险废物贮存除应满足环境保护相关要求外，还应执行国家安全生产、职业健康、交通运输、消防等法律法规和标准的相关要求。

3.《危险废物收集贮存运输技术规范》（HJ 2025—2012）

第4.1条 从事危险废物收集、贮存、运输经营活动的单位应具有危险废物经营许可证。在收集、贮存、运输危险废物时，应根据危险废物收集、贮存、处置经营许可证核发的有关规定建立相应的规章制度和污染防治措施，包括危险废物分析管理制度、安全管理制度、污染防治措施等；危险废物产生单位内部自行从事的危险废物收集、贮存、运输活动应遵照国家相关管理规定，建立健全规章制度及操作流程，确保该过程的安全、可靠。

第4.3条 危险废物收集、贮存、运输单位应建立规范的管理和技术人员培训制度，定期针对管理和技术人员进行培训。培训内容至少应包括危险废物鉴别要求、危险废物经营许可证管理、危险废物转移联单管理、危险废物包装和标识、危险废物运输要求、危险废物事故应急方法等。

第4.4条 危险废物收集、贮存、运输单位应编制应急预案。应急预案编制可参照《危险废物经营单位编制应急预案指南》，涉及运输的相关内容还应符合交通行政主管部门的有关规定。针对危险废物收集、贮存、运输过程中的事故易发环节应定期组织应急演练。

第4.6条 危险废物收集、贮存、运输时应按腐蚀性、毒性、易燃性、反应性和感染性等危险特性对危险废物进行分类、包装并设置相应的标志及标签。其中，废铅蓄电池的收集、贮存和运输应按《废铅蓄电池处理污染控制技术规范》（HJ 519）执行。

二、危险废物的收集和内部转运管理

电力企业作为危险废物产生单位,应按照《中华人民共和国固体废物污染环境防治法》《危险废物收集贮存运输技术规范》(HJ 2025)、《危险废物贮存污染控制标准》(GB 18597—2023)等相关要求,做好危险废物在企业内部的收集、暂存和内部转运管理。一般包括两个方面内容:一是在危险废物产生节点将危险废物集中到适当的包装容器中或运输车辆上的活动;二是将已包装或装到运输车辆上的危险废物集中到危险废物产生单位内部临时贮存设施的内部转运。

(一)基本管理要求

1. 制定收集计划

危险废物的收集应根据危险废物产生的工艺特征、排放周期、危险废物特性、废物管理计划等因素制定收集计划。收集计划应包括收集任务概述、收集目标及原则、危险废物特性评估、危险废物收集量估算、收集作业范围和方法、收集设备与包装容器、安全生产与个人防护、工程防护与事故应急、进度安排与组织管理等。

2. 制定操作规程

危险废物收集应制定详细的操作规程,内容至少应包括适用范围、操作程序和方法、专用设备和工具、转移和交接、安全保障和应急防护等。危险废物的收集作业应满足如下要求:

(1)应根据收集设备、转运车辆以及现场人员等实际情况确定相应作业区域,同时要设置作业界限标志和警示牌。

(2)作业区域内应设置危险废物收集专用通道和人员避险通道。

(3)收集时应配备必要的收集工具和包装物,以及必要的应急监测设备及应急装备。

(4)制定危险废物收集记录表,并将记录表作为危险废物管理的重要档案妥善保存,危险废物收集记录表见表6-1。

(5)收集结束后应清理和恢复收集作业区域,确保作业区域环境整洁安全。

(6)收集过危险废物的容器、设备、设施、场所及其他物品转作他用时,应消除污染,确保其使用安全。

在危险废物的收集和转运过程中,应采取相应的安全防护和污染防治措施,包括防爆、防火、防中毒、防感染、防泄漏、防飞扬、防雨或其他防止污染环境的措施。危险废物收集和转运作业人员应根据工作需要配备必要的个人防护装备,如手套、防护镜、防护服、防毒面具或口罩等。

表 6-1　　　　　　　　　　　　　危险废物收集记录表

企业名称：

收集地点		收集日期	
危险废物种类		危险废物名称	
危险废物数量		危险废物形态	
包装形式		暂存地点	
责任主体			
通信地址			
联系电话		邮编	
收集单位			
通信地址			
联系电话		邮编	
收集人签字		责任人签字	

3. 确定包装形式

危险废物收集时应根据危险废物的种类、数量、危险特性、物理形态、运输要求等因素确定包装形式。收集不具备运输包装条件的危险废物时，且危险特性不会对环境和操作人员造成重大危害，可在临时包装后进行暂时贮存，但正式运输前应按要求进行包装。具体包装应符合如下要求：

（1）包装材质要与危险废物相容，可根据废物特性选择钢、铝、塑料等材质。

（2）性质类似的废物可收集到同一容器中，性质不相容的危险废物不应混合包装。

（3）危险废物包装应能有效隔断危险废物迁移扩散途径，并达到防渗、防漏要求。

（4）包装好的危险废物应设置相应的标签，标签信息应填写完整翔实。

（5）盛装过危险废物的包装袋或包装容器破损后应按危险废物进行管理和处置。

（6）危险废物还应根据《危险货物运输包装通用技术条件》（GB 12463）的有关要求进行运输包装。

（7）危险废物收集前应进行放射性检测，如具有放射性则应按《放射性废物管理规定》（GB 14500）进行收集和处置。

（二）内部转运相关要求

危险废物内部转运作业一般应满足如下要求：

（1）危险废物内部转运应综合考虑厂区的实际情况确定转运路线，尽量避开办公区和生活区。

（2）危险废物内部转运作业应采用专用的工具，危险废物内部转运应填写危险废物产生单位内转运记录表，参见表6-2。

（3）危险废物内部转运结束后，应对转运路线进行检查和清理，确保无危险废物遗失在转运路线上，并对转运工具进行清洗。

表6-2　　　　　　　　　　危险废物产生单位内转运记录表

企业名称：

危险废物种类		危险废物名称	
危险废物数量		危险废物形态	
产生地点		收集日期	
包装形式		包装数量	
转移批次		转移日期	
转移人		接收人	
责任主体			
通信地址			
联系电话		邮政编码	

（三）应急处置相关要求

危险废物收集、运输过程中一旦发生意外事故，相关单位及部门应根据风险程度采取如下措施：

（1）设立事故警戒线，启动应急预案，并按应急预案和应急事件报告要求，立即报告上级管理公司和当地环境保护部门。

（2）若造成事故的危险废物具有剧毒性、易燃性、爆炸性或高传染性，应立即疏散人群，并请求当地环境保护、消防、医疗、公安等相关部门支援。

（3）对事故现场受到污染的土壤和水体等环境介质应进行相应的清理和修复。

（4）清理过程中产生的所有废物均应按危险废物进行管理和处置。

（5）进入现场清理和包装危险废物的人员应受过专业培训，穿着防护服，并佩戴相应的防护用具。

第二节　转移与处置管理

《中华人民共和国固体废物污染环境防治法》规定，危险废物转移管理应当全程管控、提高效率。《中华人民共和国道路交通安全法》和《中华人民共和国道路运输条例》要求运输危险货物应当采取必要措施，防止危险货物燃烧、爆炸、辐射、泄漏等，鼓励实行封闭式运输，保证环境卫生和货物运输安全。同时，运输危险货物应当配备必要的押运人员，保证危险货物处于押运人员的监管之下，并悬挂明显的危险货物运输标志。

一、法律法规相关规定

1.《中华人民共和国固体废物污染环境防治法》

第二十条　产生、收集、贮存、运输、利用、处置固体废物的单位和其他生产经营者，应当采取防扬散、防流失、防渗漏或者其他防止污染环境的措施，不得擅自倾倒、堆放、丢弃、遗撒固体废物。

禁止任何单位或者个人向江河、湖泊、运河、渠道、水库及其最高水位线以下的滩地和岸坡以及法律法规规定的其他地点倾倒、堆放、贮存固体废物。

第二十二条　转移固体废物出省、自治区、直辖市行政区域贮存、处置的，应当向固体废物移出地的省、自治区、直辖市人民政府生态环境主管部门提出申请。移出地的省、自治区、直辖市人民政府生态环境主管部门应当及时商经接受地的省、自治区、直辖市人民政府生态环境主管部门同意后，在规定期限内批准转移该固体废物出省、自治区、直辖市行政区域。未经批准的，不得转移。

转移固体废物出省、自治区、直辖市行政区域利用的，应当报固体废物移出地的省、自治区、直辖市人民政府生态环境主管部门备案。移出地的省、自治区、直辖市人民政府生态环境主管部门应当将备案信息通报接受地的省、自治区、直辖市人民政府生态环境主管部门。

2.《中华人民共和国道路交通安全法》

第四十八条　机动车载物应当符合核定的载质量，严禁超载；载物的长、宽、高不得违反装载要求，不得遗洒、飘散载运物。

机动车载运爆炸物品、易燃易爆化学物品以及剧毒、放射性等危险物品，应当经公安机关批准后，按指定的时间、路线、速度行驶，悬挂警示标志并采取必要的安全措施。

3.《中华人民共和国道路运输条例》

第二十六条　国家鼓励货运经营者实行封闭式运输，保证环境卫生和货物运输安全。货运经营者应当采取必要措施，防止货物脱落、扬撒等。

运输危险货物应当采取必要措施，防止危险货物燃烧、爆炸、辐射、泄漏等。

第二十七条 运输危险货物应当配备必要的押运人员，保证危险货物处于押运人员的监管之下，并悬挂明显的危险货物运输标志。

托运危险货物的，应当向货运经营者说明危险货物的品名、性质、应急处置方法等情况，并严格按照国家有关规定包装，设置明显标志。

第三十五条 客运经营者、危险货物运输经营者应当分别为旅客或者危险货物投保承运人责任险。

4.《危险废物转移管理办法》（生态环境部部令第23号）

第三条 危险废物转移应当遵循就近原则。跨省、自治区、直辖市转移（以下简称跨省转移）处置危险废物的，应当以转移至相邻或者开展区域合作的省、自治区、直辖市的危险废物处置设施，以及全国统筹布局的危险废物处置设施为主。

第七条 转移危险废物的，应当通过国家危险废物信息管理系统（以下简称信息系统）填写、运行危险废物电子转移联单，并依照国家有关规定公开危险废物转移相关污染环境防治信息。生态环境部负责建设、运行和维护信息系统。

第十六条 移出人每转移一车（船或者其他运输工具）次同类危险废物，应当填写、运行一份危险废物转移联单；每车（船或者其他运输工具）次转移多类危险废物的，可以填写、运行一份危险废物转移联单，也可以每一类危险废物填写、运行一份危险废物转移联单。

使用同一车（船或者其他运输工具）一次为多个移出人转移危险废物的，每个移出人应当分别填写、运行危险废物转移联单。

第二十一条 跨省转移危险废物的，应当向危险废物移出地省级生态环境主管部门提出申请。移出地省级生态环境主管部门应当商经接受地省级生态环境主管部门同意后，批准转移该危险废物。未经批准的，不得转移。

鼓励开展区域合作的移出地和接受地省级生态环境主管部门按照合作协议简化跨省转移危险废物审批程序。

第二十八条 发生下列情形之一的，移出人应当重新提出危险废物跨省转移申请：

（1）计划转移的危险废物的种类发生变化或者质量（数量）超过原批准质量（数量）的。

（2）计划转移的危险废物的贮存、利用、处置方式发生变化的。

（3）接受人发生变更或者接受人不再具备拟接受危险废物的贮存、利用或者处置条件的。

5.《危险废物收集贮存运输技术规范》（HJ 2025—2012）

第7.1条 危险废物运输应由持有危险废物经营许可证的单位按照其许可证的经营

范围组织实施，承担危险废物运输的单位应获得交通运输部门颁发的危险货物运输资质。

第7.2条 危险废物公路运输应按照《道路危险货物运输管理规定》（交通部令〔2005年〕第9号）、《危险货物道路运输规则》（JT 617）以及《汽车运输装卸危险货物作业规程》（JT 618）执行；危险废物铁路运输应按《铁路危险货物运输管理规则》（铁运〔2006〕79号）规定执行；危险废物水路运输应按《水路危险货物运输规则》（交通部令〔1996年〕第10号）规定执行。

第7.3条 废弃危险化学品的运输应执行《危险化学品安全管理条例》有关运输的规定。

第7.4条 运输单位承运危险废物时，应在危险废物包装上按照《危险废物贮存污染控制标准》（GB 18597）附录A设置标志，其中医疗废物包装容器上的标志应按《医疗废物专用包装袋、容器和警示标志标准》（HJ 421）要求设置。

第7.5条 危险废物公路运输时，运输车辆应按《道路运输危险货物车辆标志》（GB 13392）设置车辆标志。铁路运输和水路运输危险废物时应在集装箱外按《危险货物包装标志》（GB 190）规定悬挂标志。

第7.6条 危险废物运输时的中转、装卸过程应遵守如下技术要求：

（1）卸载区的工作人员应熟悉废物的危险特性，并配备适当的个人防护装备，装卸剧毒废物应配备特殊的防护装备。

（2）卸载区应配备必要的消防设备和设施，并设置明显的指示标志。

（3）危险废物装卸区应设置隔离设施，液态废物卸载区应设置收集槽和缓冲罐。

二、电力企业危险废物转移处置管理

电力企业在进行危险废物转移处置时，应委托具有相应资质的危险废物处置单位进行危险废物的转移及处置。在委托利用处置时，按照就近原则，优先选择利用处置实力强、信誉好、有相应危险废物经营资质的单位；优先选择安全可靠有相应资质的危险废物运输单位。危险废物转移计划应经环境保护部门批准，转移过程中严格执行危险废物转移联单制度。

（一）危险废物管理基本要求

（1）企业应审查危险废物处置单位（包括运输单位）经营许可范围及相应的资质和许可处置的危险废物代码是否适用所处置的危险废物。禁止将危险废物提供或者委托给无相应运输资质、无经营许可的单位。

（2）与危险废物处置单位签订危险废物处置合同时，应在合同中约定危险废物运输、处置过程中双方的污染防治要求，明确双方职责界限。

（3）转移危险废物前，省内转移的应向所在地县级及以上生态环境主管部门提出转移申请，获得批准后办理联单手续；跨省转移的应向危险废物移出地省级生态环境主管部门提出书面申请，并协助其向接收省份环境保护行政主管部门进行确认，获得批复后方可转移。

（4）对于钒钛系脱硝催化剂周期性更换、大修期间润滑油大量更换等产生的大宗危险废物，应在产生前提前办理危险废物转移申请，与危险废物处置单位及运输单位做好沟通、协调，优先采用落地即运方式转移处置。

（二）危险废物转移管理要点

（1）危险废物转移应核实并收集的材料：

1）危险废物接收单位营业执照、经营许可证复印件及处置合同、运输合同。

2）危险货物运输单位营业执照复印件、道路危险货物运输经营许可证复印件、道路危险货物运输驾驶员和押运人员资格证书复印件、危险货物运输应急救援预案。

（2）在转移申请获得接受地、移出地生态环境主管部门批准后，企业应在转移前3日内报告移出地生态环境主管部门，并按照《危险废物转移联单管理办法》填写危险废物转移联单，同时将预期到达时间报告接收地生态环境主管部门。

（3）危险废物每转移一车、船（次）同类危险废物，应填写一份联单。每车、船（次）有多类危险废物时，应按每一类危险废物填写一份联单。

（4）企业应如实填写联单中产生单位栏目，并加盖公章，经交付危险废物运输单位核实验收签字后，将联单第一联副联自留存档，将联单第二联交移出地生态环境主管部门，其余交付运输单位随危险废物转移运行。

（5）危险废物运输前，需核对运输者、运输工具及收运人员的信息与转移联单是否相符。

（6）出库时危险废物库房管理人员应及时填写台账，记录运输起止点、运输线路、运输时间段等内容，并向危险废物第三方进行安全环保交底，向其说明转移过程中污染防治和安全防护、突发事故应对等要求，并将台账记录、过磅单和交底记录妥善保存，按照档案管理要求，定期提交相关管理部门归档。

（7）运输后转移联单保存期限为5年，如生态环境主管部门认为有必要延长联单保存期限的，应按要求延期保存联单。

（三）危险废物转移联单及填写要求

危险废物转移联单（样式）见表6-3。危险废物跨省转移申请表（样式）见表6-4。按照《危险废物转移管理办法》规定，危险废物电子转移联单数据应当在信息系统中至少保存10年。因特殊原因无法运行危险废物电子转移联单的,可以先使用纸质转移联单,并于转移活动完成后10个工作日内在信息系统中补录电子转移联单。

表6-3 危险废物转移联单(样式)

联单编号: （二维码）

第一部分 危险废物移出信息（由移出人填写）								
单位名称：				应急联系电话：				
单位地址：									
经办人：		联系电话：		交付时间：___年___月___日___时___分				
序号	废物名称	废物代码	危险特性	形态	有害成分名称	包装方式	包装数量	移出量（t）

第二部分 危险废物运输信息（由承运人填写）	
单位名称：	营运证件号：
单位地址：	联系电话：
驾驶员：	联系电话：
运输工具：	牌号：
运输起点：	实际起运时间：___年___月___日___时___分
经由地：	
运输终点：	实际到达时间：___年___月___日___时___分

第三部分 危险废物接受信息（由接受人填写）						
单位名称：				危险废物经营许可证编号：		
单位地址：						
经办人：		联系电话：		接受时间：___年___月___日___时___分		
序号	废物名称	废物代码	是否存在重大差异	接受人处理意见	拟利用处置方式	接受量（t）

表 6-4　　　　　　　危险废物跨省转移申请表（样式）

一、移出人信息			
单位名称：	（加盖公章）	统一社会信用代码：	
单位地址：			
联系人：		联系电话：	
二、接受人信息			
单位名称：		统一社会信用代码：	
单位地址：			
危险废物经营许可证编号：		许可证有效期：　年　月　日至　年　月　日	
联系人：		联系电话：	
三、危险废物信息（涉及多种危险废物的，可增加条目）			
废物名称：	废物代码：		拟移出量（t）：
有害成分名称：			
形态：固态□　　半固态□　　液态□　　气态□　　其他□			
危险特性：毒性□　　腐蚀性□　　易燃性□　　反应性□　　感染性□			
拟包装方式：桶□　　袋□　　罐□　　其他□			
拟利用处置方式：贮存□　　利用□　　处置□　　其他□			
四、转移信息			
拟转移期限：　年　月　日至　年　月　日（转移期限不超过12个月）			
拟运输起点：		拟运输终点：	
途经省份（按途经顺序列出）：			
五、提交材料清单			
随本申请表同时提交下列材料： （一）危险废物接受人的危险废物经营许可证复印件； （二）接受人提供的贮存、利用或处置危险废物方式的说明； （三）移出人与接受人签订的委托协议、意向或者合同； （四）危险废物移出地的地方性法规规定的其他材料			
我特此确认，本申请表所填写内容及所附文件和材料均为真实的。我对本单位所提交材料的真实性负责，并承担内容不实之后果。 　　法定代表人/单位负责人：（签字）　　　　　　　　　　日期：　年　月　日			

1. 联单编号和二维码

（1）联单编号由国家危险废物信息管理系统（以下简称信息系统）根据《危险废物转移管理办法》规定的编码规则自动生成。

（2）二维码由信息系统自动生成，通过扫描二维码可获取联单有关信息。

2. 危险废物移出信息填写注意事项

（1）单位名称、地址、经办人及联系电话根据移出人在信息系统注册信息自动生成。

（2）应急联系电话是为应对危险废物转移过程突发环境事件需要紧急联系的单位电话，可以是移出人的电话，也可以是受移出人委托提供应急处置服务的机构的电话。

（3）废物名称、废物代码、危险特性、形态、有害成分名称等危险废物信息可以根据移出人在信息系统中备案的危险废物管理计划点选生成。废物名称、废物代码、危险特性根据《国家危险废物名录》确定；危险废物形态填写固态、半固态、液态、气态、其他（需说明具体形态）；有害成分名称是指危险废物中的主要有害成分名称，每种废物可包含多种有害成分；包装方式填写桶、袋、罐、其他（需说明具体包装方式）；包装数量填写不同包装方式的数量；移出量填写该类危险废物移出的质量（以吨计，精确至小数点后第四位）。

3. 危险废物运输信息填写注意事项

（1）单位名称、营运证件号等信息根据承运人在信息系统中注册信息自动生成。

（2）驾驶员、联系电话、运输工具及牌号根据承运人在信息系统中注册信息进行点选；运输工具填写汽车、船等交通工具；牌号为交通工具对应的牌照号码。

（3）运输起点填写危险废物运输起始的地址，应该为移出人生产或经营设施地址；经由地为危险废物运输依次经过的地级市（盟、自治州），由信息系统生成或驾驶员填写；运输终点填写危险废物运输终止的地址，应该为接受人生产或经营设施地址。

（4）采用联运方式转移危险废物的，可在运输信息部分增加后续承运人相关运输信息。

（5）实际起运时间、实际到达时间由驾驶员完成信息系统相关操作后生成。

4. 危险废物接受信息填写注意事项

（1）危险废物接受信息中的危险废物序号、废物名称和废物代码由信息系统自动生成，与移出人填写的一致。

（2）是否存在重大差异在信息系统中进行点选，主要内容为：无、数量存在重大差异、包装存在重大差异、形态存在重大差异、性质存在重大差异、其他方面存在重大差异（需说明哪方面存在重大差异）。

（3）接受人处理意见在信息系统中进行点选，内容主要为：接受、部分接受、拒收。

（4）拟利用处置方式在信息系统中进行点选，利用处置方式主要参考《排污许可证申请与核发技术规范 工业固体废物和危险废物治理》（HJ 1033）中附录 F "危险废物利用、处置方式代码"等；如点选其中的"其他"方式，需说明具体利用处置方式。

（5）接受量填写接受人实际接受该类危险废物的质量（以吨计，精确至小数点后第四位）。

5. 信息真实准确

移出人、承运人、接受人应保证本转移联单填写的信息是真实的、准确的。

（四）危险废物转移管理职责

电力企业通常由物资管理部门、设备管理和检修部门根据各自职责负责危险废物转移管理工作，基本职责如下。

1. 物资管理部门

（1）负责与处置单位签订危险废物处置或利用协议，明确处置废物的种类、数量以及双方责任等内容。

（2）危险废物处置合同签订前，负责对处置单位的危险废物经营许可证、危险废物经营类别、危险废物经营方式、有效期等进行检查核实，签订合同后报设备检修部环保专业备存。

（3）经办人要对危险废物转移过程进行全程监督，严格按照审批转移单对危险废物的品种、数量进行核实，在危险废物暂存库办理出厂手续并确认签字后，方可转移。

2. 设备管理和检修部门

（1）负责按照国家有关规定整理危险废物管理台账，办理危险废物的申报登记。

（2）负责将危险废物管理计划、危险废物管理台账、危险废物申报报告表、危险废物管理制度、培训计划、培训记录及应急预案、应急预案演练记录、危险废物委托处置协议、上年度危险废物处置转移联单一并存档。

（五）危险废物转移管理流程

危险废物转移需要网上申报、网上审批、电子联单和纸质联单同时进行。通常，电力企业由物资管理部负责对危险废物实行统一处置，统一办理危险废物处置手续。危险废物转移管理的大致流程如下：

（1）各危险废物产生部门定期向物资管理部提出转移申请。

（2）物资管理部办理完处置手续后一周内将五联单交至设备管理部保存。

（3）设备管理部应妥善保管转移联单，接受环境保护主管部门对联单运行情况的检查。联单保存期限为5年。

（4）对于可以提前预测会产生的大批量危险废物，如脱硝催化剂、废石棉类保温材料、废铅蓄电池等，由危险废物产生部门提前1个月向物资管理部提出申请，物资管理部先办理处置转移手续，尽快处置，避免长期贮存带来的隐患。

（六）危险废物转移注意事项

危险废物处置前，需办理危险废物出库单，危险废物只能向具有收购资质的供应商处置。合同签订前，要求收购商提供营业执照、排污许可证、危险废物许可证、环评、竣工验收、企业生产工艺、企业处置能力、业绩合同、企业是处置还是利用证明（若为处置需提供委托处置方资质以及协议）。合同签订后，需先办理危险废物转移单，并核验运输单位及资质、运输路线、应急预案等，装运过程中装运人员防护设施齐全，仓库要有专人负责核验运输车辆、承运、押运人员证照齐全，并留存手机号码等，上述资料需全部复印留档。装车过程中，仓库设专人监督，确保危险废物包装完好无破损、无泄漏上车。此外，还应确保附近消防设施齐全，装运出厂前及到处置厂家皆需拍照留档。

转移完成后，要求委托运输单位和危险废物接受单位在危险废物转移联系单相应部位加盖单位公章，并邮寄返回危险废物产生单位。危险废物产生单位要将加盖公章的危险废物转移联系单（第一联）留存存档。同时，危险废物产生单位要定期对危险废物委托处置或回收商进行回访，及时掌握委托处置方经营情况及变化情况，并跟踪危险废物得到依法合规处置。

第七章

电力企业危险废物管理责任落实和迎检管理

第一节　危险废物管理责任落实

危险废物管理责任落实和迎检管理也是电力企业的一项重要工作，企业作为危险废物污染防治和安全处置的责任主体，对危险废物的收集、贮存、利用、转移、处置的全过程负主体责任，应划分落实好相关职能部室责任并落实各级责任，同时规范做好各类核查迎检准备工作，避免出现被监管部门通报、处罚等影响企业形象的负面事件。

一、基本管理职责

（一）国家法律法规要求

《中华人民共和国环境保护法》第四十二条规定：排放污染物的企业事业单位，应当建立环境保护责任制度，明确单位负责人和相关人员的责任。

《中华人民共和国固体废物污染环境防治法》第三十六规定：产生工业固体废物的单位应当建立健全工业固体废物产生、收集、贮存、运输、利用、处置全过程的污染环境防治责任制度，建立工业固体废物管理台账，如实记录产生工业固体废物的种类、数量、流向、贮存、利用、处置等信息，实现工业固体废物可追溯、可查询，并采取防治工业固体废物污染环境的措施。

《强化危险废物监管和利用处置能力改革实施方案》（2021年）第（六）条规定：要落实企业主体责任，危险废物产生、收集、贮存、运输、利用、处置企业（统称危险废物相关企业）的主要负责人（法定代表人、实际控制人）是危险废物污染环境防治和安全生产第一责任人，严格落实危险废物污染环境防治和安全生产法律法规制度。危险废物相关企业依法及时公开危险废物污染环境防治信息，依法依规投保环境污染责任保险。

（二）电力企业一般管理要求

至少应履行的职责包括：

（1）按照国家相关法律、法规进行无害化处置或合法转移，不得擅自倾倒、填埋或排放。

（2）建立危险废物管理制度，明确管理机构、管理职责。

（3）编制危险废物管理计划。

（4）制定污染防治措施和事故应急预案。

（5）办理危险废物申报登记。

（6）建立健全危险废物收集、储存、利用、转移、处置等基础管理台账（保存时间不少于5年）。

（7）定期开展隐患排查治理，发现问题及时整改。

除上述职责外，还应高度重视如下工作：

（1）对危险废物实行统一收集、分类存放。

（2）按国家《危险废物贮存污染控制标准》（GB 18597）的要求，建设或改造出专用的危险废物贮存设施或场所。

（3）危险废物及其容器上要设置危险废物识别标志，标明名称、成分、危险特性及入库时间等。

（4）贮存场所要设置危险废物警示牌，并具备防火、防水、防盗等安全措施。

（5）禁止将危险废物与其他废物混合贮存。

（6）危险废物贮存时间不得超过1年。

（7）加强危险废物储存场所、设施的安全管理。

（8）加强管理人员、工作人员的教育培训。

在危险废物处置过程中，具备自行处置条件的或已建立合法处置渠道的电力企业可自行处置，也可以外委处置。但需注意，自行处置必须严格按照国家相关规定进行无害化处置，外委处置必须委托持有《危险废物经营许可证》等相应资质的单位。

（三）各级责任主体危险废物管理职责

当前，电力企业一般实行集团公司、分子公司和基层电力企业三级责任管理体系，对危险废物的管理责任，一般也实行分级管理、各负其责模式。在各级职责划分上，可参考如下。

1. 集团公司职责

（1）贯彻落实国家有关危险废物管理的法律法规，建立健全集团公司危险废物监督管理体系，制定集团公司危险废物管理制度，提高危险废物规范处置水平，促进清洁生产和循环经济可持续性发展。

（2）鼓励和支持科研单位、分子公司、危险废物利用和处置等单位联合攻关，促进危险废物综合利用、集中处置等统一管理，研究开发新技术应用，推动危险废物污染环境防治技术进步，落实有利于危险废物的环境防治措施。

（3）对分子公司、基层企业执行情况进行监督和检查，并提出督查意见，对违反规定的行为落实考核。

2. 分子公司职责

（1）贯彻落实集团公司危险废物管理制度，建立健全本区域危险废物管理的组织体系，制定本区域的危险废物管理实施细则；指导、协调、监督和检查管理范围内危险废物管理工作。

（2）开展危险废物集中处置设施建设和综合利用的科学研究、技术开发。

（3）建立健全危险废物综合管理人才队伍和管理制度，指导企业提高危险废物管理水平。

3. 基层电力企业职责

（1）全面落实国家及地方相关法律法规、集团公司和上级单位制定的各项危险废物管理制度，建立健全本企业危险废物管理的组织体系，明确管理职责分工，完善内部管控机制，落实主体责任。

（2）按照国家及行业规定建设符合环保标准的贮存设施和处置场所，安全分类存放，或者采取无害化处置措施。贮存危险废物应采取符合国家环境保护标准的防护措施。

（3）负责危险废物贮存、处置相关设备、设施和场所的日常管理和维护，保证其正常运行和使用。

（4）落实有关危险废物管理职能，落实危险废物产生、收集、贮存、运输、利用、处置全过程监管责任，建立危险废物管理台账，实现危险废物可追溯、可查询，并采取防止危险废物污染环境的措施。

（5）依据国家相关规定，向所在地生态环境主管部门提供危险废物的种类、数量、流向、贮存、利用、处置等有关资料。

（6）采取防扬散、防流失、防渗漏或者其他防止危险废物污染环境的措施，不得擅自倾倒、堆放、丢弃、遗撒危险废物。

（7）委托第三方负责运输、利用、处置危险废物的，应当对受托方的主体资格、技术能力和处置场地进行核实，依法签订书面合同，在合同中明确工作范围、工作标准、双方责任和奖惩条例，约定污染防治目标和要求，并明确危险废物运输、利用、处置情况。

（四）电力企业相关重要管理部门的管理职责

电力企业内部涉及危险废物管理责任的部门通常有物资管理部门、设备管理部门、发电运行管理部门、检修部门等，各自在危险废物方面的安全管理责任如下。

1. 物资管理部门

通常作为危险废物管理的归口部门，负责牵头对危险废物的收集、贮存和处置进行管理。

（1）负责参照危险废物类别及 GB 5085 的相关信息，对使用后会产生危险废物的物资进行辨别，在采购过程中按照减量化原则，采用再生产品或可重复利用产品替代使用后成为危险废物的物资。采购时应要求供应商提供安全技术说明书，说明书应包括危险性描述、成分、应急措施、毒理学特性、废弃处置等信息，明确废弃后危废品类别及代码，并在采购台账中标明或单独设置台账。

（2）负责建立、健全危险废物贮存、处置台账。定期将危险废物收集、贮存、运送、转移、处置数据汇总后报环保专职；按照其他部门移送的危险废物种类进行分类存放，入库台账必须记录何人、何时送交何种类危险废物及数量，送接双方签字确认；库存台账必须与入库和出库数量相一致。

（3）负责危险废物向外单位转移工作。按照《中华人民共和国固体废物污染环境防治法》《危险废物贮存污染控制标准》（GB 18597）、《危险废物转移管理办法》等有关规定，落实有资质的接受单位，并审核其资质合格，办理网上招标及合同签订工作；在危险废物转移过程中，负责全过程监督。

（4）负责危险废物存储设施的巡视、维护，满足环境保护的要求。

（5）按照 GB 18597 的规定，负责危险废物存储场所及存放容器识别标志、标签的设置和维护。

（6）危险废物在存储过程中发生污染事故时，负责采取防止或者减轻污染危害的措施。

（7）按照《中华人民共和国固体废物污染环境防治法》要求负责编制相关应急预案，并组织开展每年不少于一次的处置不当应急预案演练，并将应急预案演练相关材料报技术部门备案。

（8）负责制定年度危险废物储存、处置管理计划、规划，明确目标、任务和措施，负责向地方环保局申报登记。

2. 设备管理部门

通常作为危险废物监督管理部门，负责配合物资管理部门对危险废物的收集、贮存和处置进行管理。

（1）贯彻国家、地方、上级主管部门有关危险废物管理方针、政策、法规、标准，对企业危险废物进行监督管理。

（2）审核危险废物产生、存储、处置部门的报表、台账、计划、措施。负责每月及时向环境保护部门申报、登记危险废物生产、处置情况。

（3）负责收集、评审和推广避免或减少危险废物产生的新技术和新方法，负责相应的培训工作。

（4）负责与环境保护部门沟通，协助危险废物管理部门办理危险废物转移五联单。

（5）负责组织相关部门人员定期学习相关法律、专业技术、安全防护以及紧急处理等知识，并做好学习培训记录。

（6）负责危险废物管理计划的网上申报。

（7）负责全厂危险废物监督考核工作。

3. 检修和发电运行等危险废物产生部门

通常作为危险废物主要产生部门，负责落实危险废物在收集、贮存和处置等过程中的具体要求。

（1）贯彻落实国家、地方、上级主管部门的有关危险废物管理方针、政策、法规、标准。接受公司危险废物归口管理部门的指导。

（2）负责积极应用新技术、新方法做好危险废物的利旧工作，减少危险废物产生量。

（3）负责及时收集本部门危险废物，将危险废物分类送交危险废物仓库统一贮存管理，送交前需明确危险废物种类、数量，做好危险废物仓库入库登记等工作。

二、管理组织机构

一般地，电力企业应成立以企业主要负责人为组长的危险废物管理领导小组，生产副总经理或总工程师担任副组长，成员一般由发电、检修、安监、物资等职能部门负责人组成，领导小组可下设办公室或工作组。领导小组统一领导本企业的危险废物管理工作，协调解决各类问题和难题，确保企业危险废物管理工作规范化、标准化和合法化。领导小组相关职责一般包括：

（1）贯彻执行国家危险废物管理相关法规和上级公司有关规定。

（2）组织制定危险废物管理规章制度、危险废物应急预案，并监督定期演练工作。

（3）积极配合国家各级环境保护部门及上级公司组织的环保专项检查，对检查出的问题要认真分析原因，及时制定并落实整改措施，做好与环境保护部门的协调沟通工作，杜绝发生环保违规事件。

（4）协调各部门环境保护重大问题，做好环境保护工作。

第二节 危险废物核查迎检管理

《中华人民共和国固体废物污染环境防治法》第二十六条规定：生态环境主管部门及其环境执法机构和其他负有固体废物污染环境防治监督管理职责的部门，在各自职责范围内有权对从事产生、收集、贮存、运输、利用、处置固体废物等活动的单位和其他生产经营者进行现场检查。被检查者应当如实反映情况，并提供必要的资料。实施现场检查，可以采取现场监测、采集样品、查阅或者复制与固体废物污染环境防治相关的资料等措施。检查人员进行现场检查，应当出示证件。对现场检查中知悉的商业秘密应当保密。

电力企业作为危险废物管理的主体单位，应高度重视各级政府部门的核查工作，规范做好各类核查迎检工作。

一、核查类别

一般地，各级环境保护部门的核查重点主要是档案核查和现场核查。

1. 档案核查

查阅企业危险废物管理档案，对于未建立危险废物管理档案或档案不完整的企业，责令企业限期建立健全档案。

2. 现场核查

（1）危险废物信息一致性核查。核查企业危险废物管理档案中危险废物管理计划、管理台账、危险废物产生环节、产生种类、危险废物代码等信息是否与实际一致，发现填写信息不一致的，将由企业相关负责人说明原因并进行记录。

（2）危险废物产生量核查。环境保护部门将依据危险废物产废系数，结合企业实际规模，对照企业危险废物管理原始记录，核对危险废物产生量。若实际产生量与核算范围不符，将由企业负责人说明原因并进行记录。

（3）危险废物收集、储存核查。核查企业危险废物储存设施、盛（包）装容器是否符合《危险废物贮存污染控制标准》（GB 18597—2023）《危险废物识别标志设置技术规范》（HJ 1276—2022）等规定要求。核查内容一般包括：建设是否规范；与危险废物储存设施的设计能力是否一致；是否有规范的危险废物标识标志；危险废物是否分类收集、分类储存；是否建立危险废物储存台账；危险废物储存是否超期等。

（4）危险废物自行利用、处置核查。核查企业自行利用、处置设施是否与环评批复一致，自行利用、处置设施能力与实际处置能力是否一致，利用处置设施是否符合《危险废物污染防治技术政策》及其他相关规范要求；对需要暂存再利用的危险废物，要做好危险废物管理台账。

（5）危险废物转移、委托利用处置核查。核查企业危险废物转移计划是否经环境保护部门批准，是否执行了危险废物转移联单制度，委托利用处置单位的危险废物经营资质、经营范围以及利用处置合同资料是否合法有效。必要时，会对接收危险废物的经营单位进行延伸核查，重点核查是否存在非法转移。

二、危险废物检查重点

（一）危险废物自查重点

1. 污染物总体情况

固体废物与危险废物产生量、贮存量、处置量、综合利用量、转移量。

2. 依法合规性

（1）储存场所环境影响与防护。

（2）运输过程环境影响与防护。

（3）处置场所、过程环境影响与防护。

（4）转移过程（联单）。

（5）对危险废物鉴别与程序的说明。

3. 制度建立及责任制落实

（1）业务培训情况。

（2）是否建立收集、贮存前的检验与登记制度。

（3）是否建立连续、完整的收集、贮存、处置、利用、移送的管理台账制度。

（4）危险废物的移送和接收与台账是否建立了交接班制度和责任人制度。

（5）是否制定了相关安全管理措施。

（6）是否建立内部监督管理制度。

4. 管理制度落实和执行

下列管理制度的落实和执行情况：污染防治责任制度、识别标识制度、管理计划、管理台账制度、源头分类制度、转移联单制度、经营许可制度、应急预案备案制度。

（二）危险废物被查重点

1. 被查前重点关注事项

（1）认真对待危险废物的辨识管理。

（2）建立规范的危险废物管理档案（产污企业的危险废物档案目录、经营企业的档案目录）。

（3）通过环评验收确定企业危险废物的产生环节、与哪些原料或辅料有关、成分分析结果、单位产品的产生强度等。确认产生量还需了解企业的产品产量，原辅材料是否有变化。

（4）注重各类数据间的逻辑关系，产生台账（经营记录）、申报登记、管理计划、转移申请与批准、转移联单、储存台账、上年度产生量、环评数量等数据之间的平衡关系。

（5）对工业危险废物鉴别及程序的说明。

（6）做好介绍本单位危险废物管理情况汇报材料。

（7）检查固体废物的种类、数量、理化性质、产生方式。

（8）危险废物应当委托具有相应危险废物经营资质的单位利用处置，严格执行危险废物转移计划审批和转移联单制度。

2. 被查前应准备的重点资料

（1）建设项目环境影响评价与"三同时"验收报告及批复。环评关于危险废物和疑似危险废物的分析结论。

（2）申报登记证明（比如：年度环境统计、年度排污申报，以及试点区域的网上申报等）、固体废物产生、贮存、综合利用、处理处置数量、去向记录台账（向运输/处置单位索取转运点或处置单位收据，作为台账重要信息来源）规范的固废储存场所。

（3）运输转移、综合利用、处理处置合同及运输/处置单据（别忘了向运输/处置单位索取转运点或处置单位收据）跨省转移批文。

（4）管理台账（分年度），超期贮存与申请情况。

（5）管理计划及备案申请表、申报登记。

（6）委托处置合同、委托单位经营许可证复印件，转移计划及转移联单（分年度）。

（7）内部管理制度（包括危险废物包装内部规范制度）、业务人员培训记录。

（8）来信来访和举报材料。

（9）应急预案及备案申请表、应急演练记录、应急物资、设施和器材清单等。

（10）企业自查记录和环境保护部门检查及整改记录。有自行处置的，还需提供处置装置（设施）的环评和验收技术文件及处置设施运行污染物排放监测报告。

（三）危险废物检查重点

1. 许可证单位的检查要点

（1）检查危险废物经营许可证持证单位是否按照许可证的规定从事危险废物收集、转运、接收、贮存、利用、处置活动。

（2）经营范围与危险废物经营许可证所列范围是否一致，利用处置方式与环评及批复文件是否一致，是否按照排污许可证要求排放污染物及开展相关环境管理活动。

（3）调阅危险废物经营单位利用处置台账，检查利用处置量、利用处置的类别是否与转移联单相关内容相符，严禁接收不明废物和超出经营范围接收危险废物。

2. 环保手续执行情况检查要点

（1）围绕环境影响评价文件、排污许可、建设项目"三同时"执行情况相关要求，检查是否存在"越权审批"、擅自降低环评编制等级的违规行为。

（2）建设项目性质、规模、地点、生产工艺、污染防治设施是否与环境影响评价文件要求一致。

（3）主要企业信息、生产设施、原料、产品产量、排污节点、产废节点、危险废物类别、危险废物贮存设施、危险废物自行利用处置设施、污染排放情况等内容与排污许可及现场实际是否一致，环境影响评价报告是否符合《建设项目危险废物环境影响评价指南》相关要求。

（4）是否存在基础资料明显不实，内容遗漏、虚假造假等重大缺陷。

3. 危险废物台账规范化管理情况检查要点

（1）产生危险废物的单位是否对工业废料、废酸等危险废物产生名称、种类、数量、来源、出入库、转移等情况如实登记造册和规范记录。

针对《危险废物管理计划》相关表格，核对上年度产生量是否与申报登记或者固体废物环境监管平台数据一致。

针对《危险废物台账记录表》相关表格，查看是否有原始记录；在危险废物产生、贮存、自行利用处置环节，核对各类危险废物的危险废物产生、贮存、自行利用处置环节记录表是否与《危险废物管理计划》保持一致，危险废物产生、贮存、自行利用处置情况记录相关信息是否与实际情况相符。

（2）危险废物经营单位是否建立健全危险废物经营记录簿，涵盖危险废物分析、接收、利用、处置、内部检查、运行、环境监测、事故记录和报告、应急演练等内容。

4. 贮存管理执行情况检查要点

（1）是否按照《危险废物贮存污染控制标准》，按照危险废物特性分类收集、分区贮存；贮存场所地面是否作硬化及防渗处理；场所是否有雨棚、围堰或围墙；是否设置废水导排管道或渠道；冲洗废水是否根据排污许可证要求纳入企业废水处理设施处理或按照危险废物管理；贮存液态或半固态废物的，是否设置泄漏液体收集装置。

（2）盛装危险废物的容器材质和衬里是否与危险废物相容，容器和包装物是否有破损、泄漏和其他缺陷。

（3）是否混合堆存不相容的危险废物，是否将危险废物混入非危险废物中贮存。

（4）危险废物经营记录簿、信息平台数据、实际贮存的危险废物种类和数量，三者是否一致。

（5）针对在常温常压下易爆、易燃及排出有毒气体的危险废物，产生危险废物的单位是否进行预处理，使之稳定后贮存；不能进行预处理的，是否按易爆、易燃危险品贮存。

（6）贮存废弃剧毒化学品的，是否按照公安机关要求落实治安防范措施。

（7）贮存易挥发的危险废物库房是否密闭，加装废气收集处理系统，处理后达标排放。

5. 执行危险废物转移管理规定情况检查要点

（1）产生危险废物的单位是否按规定制定包含危险废物转移计划在内的危险废物管理计划，并备案。

（2）产生危险废物的单位是否按照危险废物管理计划中的转移计划转移危险废物。

（3）危险废物移出单位是否如实填写运行危险废物转移联单。

（4）危险废物承运单位是否认真核实运输的危险废物与危险废物联单一致；是否制定运输过程环境风险应急预案，采取防止污染环境措施，配备相应的污染防治设施设备。

（5）危险废物接受单位是否认真核实接受的危险废物与危险废物转移联单一致；是否按照实际接收的危险废物，如实、规范填写转移联单中接收单位栏目，数据、类别等信息与经营记录簿一致。

（6）危险废物经营许可证持证单位利用处置过程产生的不能自行利用处置的危险废物，是否全部转移给持有相应危险废物经营许可证的单位。

6. 标识设置规范情况检查要点

（1）在产生、收集、贮存、运输、利用、处置危险废物的设施、场所是否根据《危险废物识别标志设置技术规范》（HJ 1276）设置规范（形状、颜色、图案均正确）的危险废物识别标志。

（2）盛装危险废物的容器和包装物是否根据《危险废物识别标志设置技术规范》（HJ 1276）设置标签，并如实、完整填写类别、数量、危险特性、产生日期和责任人等相关信息。

7. 危险废物应急管理工作落实情况检查要点

（1）是否制定危险废物意外事故防范措施和应急预案，并向生态环境部门备案。

（2）应急预案要明确管理机构及负责人，对不同情形的危险废物意外事故是否制定相应的处理措施。

（3）是否配备必要的应急装备和物资，制定详细的应急演练计划，定期组织应急演练。

8. 设施运行和污染物达标排放情况检查要点

（1）危险废物经营许可证持证单位危险废物的破碎、研磨、混合搅拌等预处理设施是否有较好的密闭性，并保证与操作人员隔离。

（2）含挥发性和半挥发性有毒有害成分的危险废物的预处理设施是否布置在室内

车间，废气经收集处理后达标排放。

（3）根据排污许可证的要求，检查设施运行和污染物排放的其他问题。

9.厂区环境综合管理情况检查要点

（1）厂区是否进行绿化，厂区道路是否经过硬化处理，生产场区是否干净有序。

（2）生产过程中是否存在跑、冒、滴、漏现象，污水收集管道是否做好防渗漏措施，污水收集管道最终去向是否明确，污水处理设施是否有多余管道、可移动潜水泵等设备。

（3）雨污分流、污污分流，污水收集和排放系统等各类污水管线设置是否清晰。

（4）检查厂界四周及周围河流、下水管道、排水沟，看有无偷排口、渗漏口以及偷漏排情况，周围水域有无异味气体产生，有无偷排废水痕迹等。

（5）检查原料、半成品、成品等堆场是否符合要求，下雨时淋溶水是否会进入雨水口而外排环境。

10.产废单位自行利用处置情况检查要点

（1）对拥有危险废物自行利用处置设施的企业和单位，结合环境影响评价文件、排污许可证、危险废物管理计划、生产台账等基础资料，对原料使用量、产生环节、产品出入库量进行核实，去向是否存在不合理。

（2）对工业废料、废酸等危险废物自行利用处置设施，要核算使用量、处置量和再生量是否合理，是否与利用处置能力和再生能力总体匹配。

（3）按照企业的原料、产品、排污环节、危险废物产生环节等逐一核查，调阅企业用电量情况，核实企业生产负荷和生产经营情况，企业的排污设施、污染物和现场实际设施必须与排污许可证正副本一致，查明是否涉嫌非法处置，擅自改变原料。

（4）是否建立危险废物利用和处置台账，并如实记录利用情况。

（5）是否定期对自行处置设施污染物排放进行环境监测，并符合相关标准要求。

（6）是否如实将自行利用处置设施情况和实际利用处置情况纳入危险废物管理计划并通过信息系统申报。

三、危险废物常见违规行为

固体废物、危险废物如果处置不规范，会造成生态环境污染或者严重的导致二次环境污染。一般地，电力企业危险废物管理中常见的违规行为有：

（1）车间临时收集危险废物的设施未张贴危险废物识别标志。

（2）危险废物仓库不规范，例如：库房未封闭、"三防"措施不到位、地面未做防渗处理、地面有积水等。

（3）危险废物标识不规范，例如：标志标识老化褪色、危险废物警示标志错误、危险废物标签不规范等。

（4）危险废物转运不及时。

（5）车间临时收集的固体废物移送至固体废物仓库时未建立移交入库台账或台账记录不完善。

（6）危险废物贮存不规范，露天堆放、危险废物和固体废物混合随意堆放等。

（7）危险废物储存场所未设置危险废物识别标志，包装容器上未张贴标签。

（8）将一般固体废物和危险废物混合储存，未做到分类储存。

（9）危险废物储存超过1年未申报。

（10）储存危险废物的场所未设置导流槽和收集井。

（11）储存一般固体废物和危险废物的场所存在一般固体废物和危险废物的流失情况。

（12）有恶臭产生的固体废物堆放场所未设置废气收集和处理设施。

（13）将危险废物混入一般工业固体废物或生活垃圾中进行处置。

（14）将一般工业固体废物委托给外省单位进行处置，未申报。

（15）未申报、未获得审批，将危险废物转移至外省单位进行处置和利用。

（16）将危险废物交给无危险废物持证单位进行处置。

（17）无危险废物处置资质的单位非法收集、运输、贮存、利用、处置、倾倒危险废物。

（18）未向县（市、区）生态环境局申报危险废物的种类、产生量、流向、储存、处置等有关资料。

（19）在运输过程中沿途丢弃、遗撒危险废物。

（20）私设暗管或利用渗井、渗坑、裂隙、溶洞等排放、倾倒、处置危险废物等。

（21）转移危险废物未按规定填写联单，或联单未保存5年。

（22）未按照国家有关规定制定危险废物管理计划或者申报危险废物有关资料，没有建立危险废物清晰、详细的台账。

（23）未制定危险废物意外事故防范措施和应急预案，并组织开展应急演练。

第八章

电力企业危险废物贮存管理

第一节 危险废物贮存管理的相关要求

一、电力企业危险废物贮存管理的意义

企业作为危险废物污染防治的责任主体，一般均建设有用于暂时存储危险废物的库房，危险废物库房安全管理是企业日常管理的重点之一，危险废物贮存是危险废物处置和管理过程中的重要环节，由于危险废物具有危险特性，贮存过程中如果管理不当，不仅将带来环境和人体健康双重风险，还存在事故隐患。主要体现在如下几个方面：

（1）危险废物散落及液态危险废物的外泄，有毒有害气体的有组织排放及无组织排放，不符合标准的贮存带来渗漏、扬尘等，会对土壤、地下水、大气等造成污染，进而将带来人体健康危害。

（2）由于超期贮存等原因，危险废物会出现渗漏等环境风险，严重影响环境安全和人体健康。

（3）爆炸性和可燃性废物如果贮存管理不当，会带来严重的事故隐患。

二、相关法律法规要求

（一）《中华人民共和国固体废物污染环境防治法》关于贮存的要求

按照《中华人民共和国固体废物污染环境防治法》固体废物贮存的定义，危险废物贮存是指将危险废物临时置于特定设施或者场所中的活动。《中华人民共和国固体废物污染环境防治法》对于危险废物的贮存过程污染环境防治要求主要包括如下内容：

（1）对危险废物的容器和包装物以及收集、贮存、运输、利用、处置危险废物的设施、场所，应当按照规定设置危险废物识别标志。

（2）产生危险废物的单位，应当按照国家有关规定和环境保护标准要求贮存、利用、处置危险废物，不得擅自倾倒、堆放。

（3）禁止将危险废物提供或者委托给无许可证的单位或者其他生产经营者从事收

集、贮存、利用、处置活动。

（4）收集、贮存危险废物，应当按照危险废物特性分类进行。

（5）禁止混合收集、贮存、运输、处置性质不相容而未经安全性处置的危险废物。

（6）贮存危险废物应当采取符合国家环境保护标准的防护措施。

（7）禁止将危险废物混入非危险废物中贮存。

（8）从事收集、贮存、利用、处置危险废物经营活动的单位，贮存危险废物不得超过1年；确需延长期限的，应当报经颁发许可证的生态环境主管部门批准；法律、行政法规另有规定的除外。

（9）收集、贮存、运输、利用、处置危险废物的场所、设施、设备和容器、包装物及其他物品转作他用时，应当按照国家有关规定经过消除污染处理，方可使用。

（10）产生、收集、贮存、运输、利用、处置危险废物的单位，应当依法制定意外事故的防范措施和应急预案，并向所在地生态环境主管部门和其他负有固体废物污染环境防治监督管理职责的部门备案。

（二）《危险化学品安全管理条例》对贮存的要求

《危险化学品安全管理条例》要求在中华人民共和国境内从事生产、经营、贮存、运输、使用危险化学品和处置废弃危险化学品等活动，必须遵守本条例和国家有关安全生产的法律、其他行政法规的规定。《危险化学品安全管理条例》中对贮存要求包括：

（1）要有符合国家标准的贮存方式、设施。

（2）工厂、仓库的周边防护距离应符合国家标准或者国家有关规定。

（3）要有符合贮存需要的管理人员和技术人员。

（4）要有健全的安全管理制度。

（5）要符合法律、法规规定和国家标准要求的其他条件。

（三）《常用危险化学品贮存通则》对贮存的要求

《常用危险化学品贮存通则》将贮存方式分为隔离贮存、隔开贮存、分离贮存等三种，并对贮存场所的要求、贮存安排及贮存量、化学危险品养护、化学危险品出入库管理、消防措施、废弃物处理、人员培训等作了明确的要求。

（四）《废弃危险化学品污染环境防治办法》对贮存的要求

《废弃危险化学品污染环境防治办法》适用于中华人民共和国境内废弃危险化学品的产生、收集、运输、贮存、利用、处置活动的污染防治。该办法要求从事废弃危险化学品贮存单位必须具有经营许可证，不得将废弃危险化学品转交给不具有经营许可证的单位贮存，同时对贮存设施的标识、包装、人员培训、事故应急等也作了相关规定。

（五）《危险废物经营许可证管理办法》对贮存的要求

《危险废物经营许可证管理办法》对危险废物贮存所涉及的综合经营许可证的申请及发放等提出了明确要求，对于获得危险废物收集经营许可证的单位只能收集废矿物油和废镍镉电池等社会源危险废物，并要求开展这两种经营活动的单位在从事危险废物贮存时，应对贮存设施采取相应的污染防治措施，不具有经营许可证的单位不得从事危险废物的贮存经营活动。

（六）《危险废物转移联单管理办法》对贮存的要求

《危险废物转移联单管理办法》对危险废物转移联单的保存期限与危险废物贮存期限的统一性问题进行了规定。

（七）原《危险废物贮存污染控制标准》（GB 18597—2001）对贮存的要求

《危险废物贮存污染控制标准》（GB 18597—2001）是对危险废物贮存提出明确要求的一项国家标准。该标准主要包括：

（1）对贮存提出了一般要求，提出危险废物的产生者和经营者都可以建设贮存设施，并且应根据危险废物特性进行预处理、选择合适容器贮存或者堆放，还应设置相应的标签，在附录中规定了标签设置的具体要求。

（2）提出了贮存容器的设计和使用要求，但该部分要求均为原则性规定。

（3）对贮存设施的选址和设计原则作了较为详尽的规定，提出了危险废物集中贮存设施的选址要求和仓库式贮存设施的设计原则及废物的堆放的要求，但这部分内容还不完善。

（4）在贮存设施运行和管理章节中，对贮存单位应具有的资质、贮存库的废物接收、废物的标签设置、摆放、安全通道、废物清单记录、容器和设施的破损检查、产生的废液和废气的排放要求等都作了规定。

（5）在设施安全防护章节中，提出了贮存设施的警示标志设置、围墙和护栏设置、通信、照明和应急设施的设置、泄漏物的处置等要求。

（6）明确了危险废物贮存设施的监测应按照国家污染源管理的要求进行。

（7）对于贮存设施的关闭，规定了贮存设施在关闭时应采取的污染防治措施。

（8）该标准有两个附录，附录A明确了危险废物的标签样式，并给出了八种类别危险废物的标志图；附录B给出了不同危险废物和一般容器的化学相容性、不相容的危险废物和标签上的警示用语等内容。

（八）新《危险废物贮存污染控制标准》（GB 18597—2023）

近年来，我国危险废物产生特点、污染防控要求、环境监督管理体系都发生了显著变化，危险废物产生数量庞大、规模不一，危险废物产生种类和特性各不相同，贮存设施形式多种多样，污染防治水平参差不齐，GB 18597—2001已颁布20多年，危险废物的来源、种类和利用处置方式等发生显著变化，危险废物贮存的环境压力和环境风险防控难度显著增大，亟需进一步规范我国危险废物贮存的环境管理，防范环境风险。

2023年1月20日，生态环境部发布了新版《危险废物贮存污染控制标准》（GB 18597—2023）[以下简称《贮存标准（2023）》]，该标准规定了危险废物贮存污染控制的总体要求、贮存设施选址和污染控制要求、容器和包装物污染控制要求、贮存过程污染控制要求，以及污染物排放、环境监测、环境应急、实施与监督等环境管理要求，标准适用于产生、收集、贮存、利用、处置危险废物的单位新建、改建、扩建的危险废物贮存设施选址、建设和运行的污染控制和环境管理，也适用于现有危险废物贮存设施运行过程的污染控制和环境管理。

从以上相关法律法规、标准规范中关于危险废物贮存要求可以看出，我国危险废物贮存环境管理主要是以《中华人民共和国固体废物污染环境防治法》为准绳，以《危险废物贮存污染控制标准》为核心，管理政策还涉及《危险化学品安全管理条例》《常用危险化学品贮存通则》《废弃危险化学品污染环境防治办法》《危险废物经营许可证管理办法》《危险废物转移联单管理办法》《危险废物安全填埋处置工程建设技术要求》等多项政策、标准和技术文件。

《贮存标准（2023）》是危险废物管理中一项重要的标准，其修订工作经历了一段较长的时间，了解其修订思路和内容变化对于做好危险废物管理具有参考价值。

1. 主要修订思路

（1）精准强化危险废物贮存污染控制要求。根据我国危险废物贮存设施形式和危险废物特性，细化贮存设施和场所分类，在此基础上根据危险废物环境风险特征提出分级的污染防治技术和环境管理措施，既做到分类分级精准管控，又减轻部分企业的负担。

（2）科学提出危险废物贮存污染防治技术要求。对不同贮存条件下危险废物的环境风险特征进行科学分析评估，提出针对性的防扬散、防流失、防渗、防腐和防止无组织排放等污染防治技术要求，科学防控危险废物贮存环境风险。

（3）依法规范危险废物贮存环境管理。落实《中华人民共和国固体废物污染环境防治法》关于环境风险科学评估、分级分类管理、信息化监管体系建设，以及危险废物集中贮存设施选址、识别标志设置等方面的要求，提出可操作性更强的措施，依法强化危险废物贮存环境管理。

2. 主要修订内容

与 GB 18597—2001 相比较，新版《贮存标准（2023）》主要修订了六个方面的内容：

（1）增补完善了相关术语和定义。增加了贮存库、贮存场、贮存池、贮存罐区、贮存点和贮存分区等贮存设施（场所）相关定义，补充完善了包装、容器和包装物、相容等定义。

（2）增加了"总体要求"。将贮存设施设置要求、分类贮存要求、环境污染防治、识别标志、信息化管理、设施退役等危险废物环境管理方面的原则性要求纳入"总体要求"。

（3）细化了危险废物贮存设施的分类，补充了贮存点相关环境管理要求。根据贮存危险废物类型和贮存设施结构形式的不同，将贮存设施分为贮存库、贮存场、贮存池、贮存罐区等四种类型，并有针对性提出了建设和使用要求；在环境风险可控的前提下，当危险废物产出量较少或临时中转时可采用贮存点的形式贮存。

（4）完善了危险废物贮存设施的选址和建设要求。依据《中华人民共和国固体废物污染环境防治法》，结合2013年发布的 GB 18597—2001 修改单，进一步完善了贮存设施建设的选址要求；同时，系统地提出了贮存设施建设的"一般规定"和各类贮存设施的建设要求。

（5）修订了危险废物贮存设施的污染防治、运行管理和退役要求。全面规定了危险废物贮存设施废水、废气等污染物排放控制要求和固体废物管理要求，将贮存设施退役要求调整至"总体要求"中。

（6）补充了危险废物贮存设施环境应急要求。从应急预案管理、人员、装备、物资和预警响应等方面提出了危险废物贮存设施环境应急要求。

此外，鉴于《医疗废物处理处置污染控制标准》（GB 39707—2020）已对医疗废物有关贮存要求作了规定，危险废物标签相关内容也已整合至《危险废物识别标志设置技术规范》（HJ 1276—2022）中，《贮存标准（2023）》删除了医疗废物有关要求及原附录A和附录B危险废物标签相关内容。

第二节　电力企业危险废物贮存管理

电力企业属于危险废物产生单位，但是电力企业对于危险废物贮存基本上属于内部的贮存或临时贮存，不属于真正的危险废物贮存单位，但在贮存管理方面，笔者认为在国家对危险废物监管日益严格的形势下，电力企业应按照相关法律法规、标准规范开展危险废物贮存设施的选址、建设、运行和管理等工作，有效管控危险废物安全和环境风险，避免因危险废物贮存管理不规范、不到位而发生负面影响。

一、基本概念

贮存是指将危险废物临时置于特定设施或者场所中的活动。贮存设施是指专门用于贮存危险废物的设施，具体类型包括贮存库、贮存场、贮存池和贮存罐区等。其中，集中贮存设施是用于集中收集、利用、处置危险废物所附设的贮存危险废物的设施。

《贮存标准（2023）》中，根据危险废物贮存设施建筑形式、设计要求和使用功能的不同，将危险废物贮存设施分为贮存库、贮存场、贮存池、贮存罐区4种类型。此外，还新增加了一种贮存类型——贮存点，以满足多样化的贮存需求，并分别提出针对性的污染控制要求。

1.贮存库

用于贮存一种或多种类别、形态危险废物的仓库式贮存设施。贮存库为仓库式贮存设施，可用于贮存各类危险废物。贮存库内应根据废物类型注意做好分区隔离措施，并根据贮存废物的危险特性和污染途径等采取相应的液体意外泄漏堵截、气体收集净化、防渗漏等污染防治措施。

2.贮存场

用于贮存不易产生粉尘、挥发性有机物（VOCs）、酸雾、有毒有害大气污染物和刺激性气味气体的大宗危险废物的，具有顶棚（盖）的半开放式贮存设施。贮存场为具有防雨顶棚（盖）的开放式贮存设施，主要用于堆存不易产生有毒有害气体的大宗危险废物。贮存场应特别注意防雨和地面径流等外源性液体进入，同时还应做好场内废水废液导流收集，做到贮存过程不增加废物量，并保证废物不扬散、不流失。

3.贮存池

用于贮存单一类别液态或半固态危险废物的，位于室内或具有顶棚（盖）的池体贮存设施。贮存池为具有防雨功能的池体构筑物，用于贮存单一类别的液态或半固态废物。贮存池应特别注意强化池体的整体防渗和基础防渗，同时应做好防止雨水和径流流入，以及大气污染物无组织排放的防范工作。

4.贮存罐区

用于贮存液态危险废物的，由一个或多个罐体及其相关的辅助设备和防护系统构成的固定式贮存设施。贮存罐区为由一个或多个罐体及相关附属设施构成的固定式贮存设施，用于贮存液态废物。贮存罐区应特别注意做好围堰的建设，做好防渗防腐措施和液体意外泄漏堵截等防范措施，妥善处理围堰内收集的废水废液等。

此外，对于不同形式的贮存设施，还应根据贮存危险废物的特点，重点关注环境风险防控的薄弱、易损环节等，并有针对性的采取防范措施。

5.贮存点

需说明的是，贮存点是除上述4种贮存类型，《贮存标准（2023）》新增加的一种贮存类型。贮存点是指《危险废物管理计划和管理台账制定技术导则》（HJ 1259—2022）规定的纳入危险废物登记管理单位的，用于同一生产经营场所专门贮存危险废物的场所；或产生危险废物的单位设置于生产线附近，用于暂时贮存以便于中转其产生的危险废物的场所。

新增危险废物贮存点，主要是考虑到我国危险废物产生单位中存在数量众多的小微危险废物产生单位，其具有危险废物产生量少、分布较为分散、环境风险相对较低等特点，且部分单位不具备建设危险废物集中贮存设施的条件，危险废物贮存需求与其他危险废物环境重点监管单位不同，亟需适用于贮存小量危险废物的贮存形式。此外，部分危险废物产生单位具有在生产线附近中转存放生产或新产生的危险废物的实际需求，而GB 18597—2001中无针对此类情况的管理规定，因此，需针对此种情形设置明确的污染控制要求。针对以上两种情形，《贮存标准（2023）》中增加了贮存点的相关要求，相关单位可根据危险废物的特性、包装形式和污染途径等，采取比较灵活且有针对性的环境风险防控措施，简化相关环境管理要求，在环境风险可控的前提下，显著降低小微危险废物产生单位建设危险废物贮存设施的成本。

二、总体要求

电力企业应根据企业危险废物产生规模、废物性质等，结合企业管理实际，选择设置合适的危险废物贮存设施，应满足危险废物贮存设施设计、污染环境措施、识别标志、分类贮存要求、设施退役、危险物品贮存等方面的要求。包括但不限于如下要求：

（1）电力企业作为危险废物产生单位应设置危险废物贮存设施或设置贮存场所，并根据需要选择合适的贮存设施类型。

（2）应根据危险废物的类别、数量、形态、物理化学性质和环境风险等因素，确定贮存设施或场所类型和规模。

（3）应根据危险废物的类别、形态、物理化学性质和污染防治要求进行分类贮存，且应避免危险废物与不相容的物质或材料接触。

（4）应根据危险废物的形态、物理化学性质、包装形式和污染物迁移途径，采取措施减少渗滤液及其衍生废物、渗漏的液态废物（简称渗漏液）、粉尘、VOCs、酸雾、有毒有害大气污染物和刺激性气味气体等污染物的产生，防止其污染环境。

（5）危险废物贮存过程产生的液态废物和固态废物应分类收集，按其环境管理要求妥善处理。

（6）贮存设施或场所、容器和包装物应按《危险废物识别标志设置技术规范》（HJ 1276—2022）要求设置危险废物贮存设施或场所标志、危险废物贮存分区标志和危险废物标签等危险废物识别标志。

（7）《危险废物管理计划和管理台账制定技术导则》（HJ 1259—2022）规定的危险废物环境重点监管单位，应采用电子地磅、电子标签、电子管理台账等技术手段对危险废物贮存过程进行信息化管理，确保数据完整、真实、准确；采用视频监控的应确保监控画面清晰，视频记录保存时间至少为3个月。通常，电力企业不属于危险废物环境重点监管单位。

（8）贮存设施退役时，所有者或运营者应依法履行环境保护责任，退役前应妥善处理处置贮存设施内剩余的危险废物，并对贮存设施进行清理，消除污染；还应依据土壤污染防治相关法律法规履行场地环境风险防控责任。

（9）在常温常压下易爆、易燃及排出有毒气体的危险废物应进行预处理，使之稳定后贮存，否则应按易爆、易燃危险品贮存。

（10）危险废物贮存除应满足环境保护相关要求外，还应执行国家安全生产、职业健康、交通运输、消防等法律法规和标准的相关要求。

三、贮存设施的选址

总体上，电力企业应根据厂区总平面布置情况在厂区内确定贮存设施的最优位置，危险废物贮存设施场址的选址位置及与周围环境敏感对象的距离应满足环境影响评价及审批意见的要求。

（1）贮存设施选址应满足生态环境保护法律法规、规划和"三线一单"生态环境分区管控的要求，建设项目应依法进行环境影响评价。

（2）集中贮存设施不应选在生态保护红线区域、永久基本农田和其他需要特别保护的区域内，不应建在溶洞区或易遭受洪水、滑坡、泥石流、潮汐等严重自然灾害影响的地区。

（3）贮存设施不应选在江河、湖泊、运河、渠道、水库及其最高水位线以下的滩地和岸坡，以及法律法规规定禁止贮存危险废物的其他地点。

（4）贮存设施场址的位置以及其与周围环境敏感目标的距离应依据环境影响评价文件确定。

四、贮存设施的污染控制

贮存设施的污染控制主要是从污染控制的角度对危险废物贮存设施的设计与建设提出要求。

（一）一般规定

（1）贮存设施应根据危险废物的形态、物理化学性质、包装形式和污染物迁移途径，采取必要的防风、防晒、防雨、防漏、防渗、防腐以及其他环境污染防治措施，不应露天堆放危险废物。

（2）贮存设施应根据危险废物的类别、数量、形态、物理化学性质和污染防治等要求设置必要的贮存分区，避免不相容的危险废物接触、混合。

（3）贮存设施或贮存分区内地面、墙面裙脚、堵截泄漏的围堰、接触危险废物的隔板和墙体等应采用坚固的材料建造，表面无裂缝。

（4）贮存设施地面与裙脚应采取表面防渗措施；表面防渗材料应与所接触的物料或污染物相容，可采用抗渗混凝土、高密度聚乙烯膜、钠基膨润土防水毯或其他防渗性能等效的材料。贮存的危险废物直接接触地面的，还应进行基础防渗，防渗层为至少1m厚黏土层（渗透系数不大于10^{-7}cm/s），或至少2mm厚高密度聚乙烯膜等人工防渗材料（渗透系数不大于10^{-10}cm/s），或其他防渗性能等效的材料。

（5）同一贮存设施宜采用相同的防渗、防腐工艺（包括防渗、防腐结构或材料），防渗、防腐材料应覆盖所有可能与废物及其渗滤液、渗漏液等接触的构筑物表面；采用不同防渗、防腐工艺应分别建设贮存分区。

（6）贮存设施应采取技术和管理措施防止无关人员进入。

（二）贮存库

（1）贮存库内不同贮存分区之间应采取隔离措施。隔离措施可根据危险废物特性采用过道、隔板或隔墙等方式。

（2）在贮存库内或通过贮存分区方式贮存液态危险废物的，应具有液体泄漏堵截设施，堵截设施最小容积不应低于对应贮存区域最大液态废物容器容积或液态废物总储量1/10（二者取较大者）；用于贮存可能产生渗滤液的危险废物的贮存库或贮存分区应设计渗滤液收集设施，收集设施容积应满足渗滤液的收集要求。

（3）贮存易产生粉尘、VOCs、酸雾、有毒有害大气污染物和刺激性气味气体的危险废物贮存库，应设置气体收集装置和气体净化设施；气体净化设施的排气筒高度应符合《大气污染物综合排放标准》（GB 16297）要求。

（三）贮存场

（1）贮存场应设置径流疏导系统，保证能防止当地重现期不小于25年的暴雨流入贮存区域，并采取措施防止雨水冲淋危险废物，避免增加渗滤液量。

（2）贮存场可整体或分区设计液体导流和收集设施，收集设施容积应保证在最不利条件下可以容纳对应贮存区域产生的渗滤液、废水等液态物质。

（3）贮存场应采取防止危险废物扬散、流失的措施。

（四）贮存池

（1）贮存池防渗层应覆盖整个池体，并应按照要求进行基础防渗。

（2）贮存池应采取措施防止雨水、地面径流等进入，保证能防止当地重现期不小于25年的暴雨流入贮存池内。

（3）贮存池应采取措施减少大气污染物的无组织排放。

（五）贮存罐区

（1）贮存罐区罐体应设置在围堰内，围堰的防渗、防腐性能应满足标准要求。

（2）贮存罐区围堰容积应至少满足其内部最大贮存罐发生意外泄漏时所需要的危险废物收集容积要求。

（3）贮存罐区围堰内收集的废液、废水和初期雨水应及时处理，不应直接排放。

五、容器和包装物污染控制要求

容器和包装物是指用于包装危险废物的硬质和柔性物品、包装件的总称。包装是指对危险废物进行盛装、打包或捆装等的活动。对于容器和包装物污染控制的要求主要有：

（1）容器和包装物材质、内衬应与盛装的危险废物相容。

（2）针对不同类别、形态、物理化学性质的危险废物，其容器和包装物应满足相应的防渗、防漏、防腐和强度等要求。

（3）硬质容器和包装物及其支护结构堆叠码放时不应有明显变形，无破损泄漏。

（4）柔性容器和包装物堆叠码放时应封口严密，无破损泄漏。

（5）使用容器盛装液态、半固态危险废物时，容器内部应留有适当的空间，以适应因温度变化等可能引发的收缩和膨胀，防止其导致容器渗漏或永久变形。

（6）容器和包装物外表面应保持清洁。

六、贮存过程的污染控制

贮存过程的污染控制主要是从危险废物贮存过程对污染控制提出要求。

（一）一般规定

（1）在常温常压下不易水解、不易挥发的固态危险废物可分类堆放贮存，其他固态危险废物应装入容器或包装物内贮存。

（2）液态危险废物应装入容器内贮存，或直接采用贮存池、贮存罐区贮存。

（3）半固态危险废物应装入容器或包装袋内贮存，或直接采用贮存池贮存。

（4）具有热塑性的危险废物应装入容器或包装袋内进行贮存。

（5）易产生粉尘、VOCs、酸雾、有毒有害大气污染物和刺激性气味气体的危险废物应装入闭口容器或包装物内贮存。

（6）危险废物贮存过程中易产生粉尘等无组织排放的，应采取抑尘等有效措施。

（二）贮存设施运行环境管理要求

（1）危险废物存入贮存设施前应对危险废物类别和特性与危险废物标签等危险废物识别标志的一致性进行核验，不一致的或类别、特性不明的不应存入。

（2）应定期检查危险废物的贮存状况，及时清理贮存设施地面，更换破损泄漏的危险废物贮存容器和包装物，保证堆存危险废物的防雨、防风、防扬尘等设施功能完好。

（3）作业设备及车辆等结束作业离开贮存设施时，应对其残留的危险废物进行清理，清理的废物或清洗废水应收集处理。

（4）贮存设施运行期间，应按国家有关标准和规定建立危险废物管理台账并保存。

（5）贮存设施所有者或运营者应建立贮存设施环境管理制度、管理人员岗位职责制度、设施运行操作制度、人员岗位培训制度等。

（6）贮存设施所有者或运营者应依据国家土壤和地下水污染防治的有关规定，结合贮存设施特点建立土壤和地下水污染隐患排查制度，并定期开展隐患排查；发现隐患应及时采取措施消除隐患，并建立档案。

（7）贮存设施所有者或运营者应建立贮存设施全部档案，包括设计、施工、验收、运行、监测和环境应急等，应按国家有关档案管理的法律法规进行整理和归档。

（三）贮存点环境管理要求

（1）贮存点应具有固定的区域边界，并应采取与其他区域进行隔离的措施。

（2）贮存点应采取防风、防雨、防晒和防止危险废物流失、扬散等措施。

（3）贮存点贮存的危险废物应置于容器或包装物中，不应直接散堆。

（4）贮存点应根据危险废物的形态、物理化学性质、包装形式等，采取防渗、防漏等污染防治措施或采用具有相应功能的装置。

（5）贮存点应及时清运贮存的危险废物，实时贮存量不应超过3 t。

七、污染物的排放控制

污染物的排放控制是指从废水、废气、环境噪声和固体废物四个方面对贮存设施污染物的排放提出了标准要求。

（1）贮存设施产生的废水（包括贮存设施清洗废水、贮存罐区池体积存雨水、贮存危险废物环境事件产生的废水等）应进行收集处理，废水排放应符合《污水综合排放标准》（GB 8978）规定的要求。

（2）贮存设施产生的废气（包括无组织气体）的排放应符合《大气污染物综合排放标准》（GB 16297）和《挥发性有机物无组织排放控制标准》（GB 37822）规定的要求。

（3）贮存设施产生的恶臭气体的排放应符合《恶臭污染物排放标准》（GB 14554）规定的要求。

（4）贮存设施内产生以及清理的固体废物应按固体废物分类管理要求妥善处理。

（5）贮存设施排放的环境噪声应符合《工业企业厂界环境噪声排放标准》（GB 12348）规定的要求。

八、环境监测

环境监测是对危险废物贮存设施的环境监测提出要求，包括监测计划、监测制度、废水废气的监测内容和监测方法的要求。

（1）贮存设施的环境监测应纳入主体设施的环境监测计划。

（2）贮存设施所有者或运营者应依据《中华人民共和国大气污染防治法》《中华人民共和国水污染防治法》《中华人民共和国土壤污染防治法》等有关法律、《排污许可管理条例》等行政法规和《排污单位自行监测技术指南　总则》（HJ 819）、《排污单位自行监测技术指南　工业固体废物和危险废物治理》（HJ 1250）等规定制订监测方案，对贮存设施污染物排放状况开展自行监测，保存原始监测记录，并公布监测结果。

（3）贮存设施废水污染物排放的监测方法和监测指标应符合国家相关标准要求。

（4）《危险废物管理计划和管理台账制定技术导则》（HJ 1259—2022）规定的危险废物环境重点监管单位贮存设施地下水环境监测点布设应符合《地下水环境监测技术规范》（HJ 164）要求，监测因子应根据贮存废物的特性选择具有代表性且能表征危险废物特性的指标，地下水监测因子分析方法按照《地下水质量标准》（GB/T 14848）执行。

（5）配有收集净化系统的贮存设施大气污染物排放的监测采样应按《固定污染源排气中颗粒物测定与气态污染物采样方法》（GB/T 16157）、《固定源废气监测技术规范》

（HJ/T 397）、《固定污染源废气挥发性有机物的采样 气袋法》（HJ 732）的规定执行。

（6）贮存设施无组织气体排放监测因子应根据贮存废物的特性选择具有代表性且能表征危险废物特性的指标；采样点布设、采样及监测方法可按HJ/T 55的规定执行，VOCs的无组织排放监测还应符合《挥发性有机物无组织排放控制标准》（GB 37822）的规定。

（7）贮存设施恶臭气体的排放监测应符合《恶臭污染物排放标准》（GB 14554）、《恶臭污染环境监测技术规范》（HJ 905）的规定。

九、环境应急

环境应急是根据《中华人民共和国固体废物污染环境防治法》第八十五条应急预案有关规定，对应急预案管理要求、应急人员和物资配备要求以及人员培训和演练进行了要求。电力企业可以根据危险废物的贮存规模和级别，配备相应数量的事故处置应急设施、设备和药品。

（1）贮存设施所有者或运营者应按照国家有关规定编制突发环境事件应急预案，定期开展必要的培训和环境应急演练，并做好培训、演练记录。

（2）贮存设施所有者或运营者应配备满足其突发环境事件应急要求的应急人员、装备和物资，并应设置应急照明系统。

（3）相关部门发布自然灾害或恶劣天气预警后，贮存设施所有者或运营者应启动相应防控措施，若有必要可将危险废物转移至其他具有防护条件的地点贮存。

十、出入库管理

出入库管理是控制危险废物污染的重要环节，是危险废物管理的一项重要工作，主要要求有：

（1）危险废物入库前，库房管理人员应检查危险废物转移联单是否齐全，危险废物转移联单不齐全的危险废物不应入库。

（2）库房管理人员应检查危险废物包装容器是否完好，不得接收未粘贴标签或标签没按规定填写的危险废物，接收时容器必须清洁完好，无破损、无泄漏。

（3）入库时应根据危险废物标签信息，将危险废物放入相应隔间，不得与其他危险废物合并存放。

（4）危险废物库房管理人员应定期对库房及其内的包装容器、消防设施等进行检查，发现破损、泄漏、过期等情况，及时采取相应措施。

（5）定期检查危险废物出入库记录及分析化验记录，盘点库存。

（6）危险废物出库、入库时应做好记录，建立危险废物出入库管理台账。台账上须注明危险废物的名称、来源、数量、入库日期、存放库位、废物出库日期、接收单位名称等信息。贮存管理台账可按危险废物类别、代码分别建立。危险废物的记录和货单在危险废物接收后应继续保留3年。

危险废物出入库管理台账格式，可参考第五章。

十一、贮存设施的关闭

危险废物贮存设施的关闭应由相关的责任主体负责。一般地，危险废物贮存设施的法人单位，应承担相关责任；若该设施的法人单位发生变更的，由变更后单位承担相关责任，原单位应预付设施关闭费；无主的危险废物贮存设施，按国家有关规定执行。

危险废物贮存设施在关闭前，应采取措施消除污染，包括残留的危险废物的处置，贮存容器、管道、墙壁的处理和清洗，地面的处理、清洗，废弃包装物、废弃容器的处理以及污染土壤的治理与修复等。

现场无法处理的残留危险废物、容器设备、污染土壤及处理后的残余物应运至具有危险废物经营许可证的单位进行贮存或处置。

应委托有资质的监测部门对清理后的危险废物贮存设施场地进行环境监测，监测结果表明已不存在污染时，方可摘下警示标志、撤离留守人员、关闭贮存设施。

第九章

建设项目危险废物环境影响评价

第一节 适用范围和原则

2017年，针对建设项目环境影响评价中有关危险废物监管存在的问题和不足，原环境保护部按照《建设项目环境影响评价技术导则 总纲》（HJ 2.1）及其他相关技术标准的有关规定，印发了《建设项目危险废物环境影响评价指南》（以下简称《指南》），用于进一步规范建设项目产生危险废物的环境影响评价工作，指导各级环境保护主管部门开展相关建设项目环境影响评价审批，推进危险废物全过程管理，从源头有效防范危险废物污染环境。

《中华人民共和国固体废物污染环境防治法》第十七条也明确规定：建设产生、贮存、利用、处置固体废物的项目，应当依法进行环境影响评价，并遵守国家有关建设项目环境保护管理的规定。电力企业属于危险废物产生单位，建设发电项目需依法进行环境影响评价，本章重点围绕《指南》，摘录部分与电力建设项目相关的有关要求，供读者参考。

一、适用范围

《指南》规定了产生危险废物建设项目环境影响评价的原则、内容和技术要求，主要提出了产生危险废物的建设项目危险废物环境影响评价的技术要求，主要包括工程分析、环境影响分析、污染防治措施技术经济论证、环境风险评价、环境管理要求、结论与建议等专题。

《指南》适用于需编制环境影响报告书（表）的建设项目，编制环境影响报告表的建设项目，相关内容可适当简化。不适用于危险废物经营单位从事的各类别危险废物收集、贮存、处置经营活动的环境影响评价。相关竣工环境保护验收、规划环评工作也可参照《指南》试行。

二、基本原则

（1）重点评价，科学估算。对于所有产生危险废物的建设项目，应科学估算产生危险废物的种类和数量等相关信息，并将危险废物作为重点进行环境影响评价，并在环境影响报告书的相关章节中细化完善，环境影响报告表中的相关内容可适当简化。

（2）科学评价，降低风险。对建设项目产生的危险废物种类、数量、利用或处置方式、环境影响以及环境风险等进行科学评价，并提出切实可行的污染防治对策措施。坚持无害化、减量化、资源化原则，妥善利用或处置产生的危险废物，保障环境安全。

（3）全程评价，规范管理。对建设项目危险废物的产生、收集、贮存、运输、利用、处置全过程进行分析评价，严格落实危险废物各项法律制度，提高建设项目危险废物环境影响评价的规范化水平，促进危险废物的规范化监督管理。

第二节 危险废物环境影响评价技术要求

一、工程分析

1. 基本要求

工程分析应结合建设项目主辅工程的原辅材料使用情况及生产工艺，全面分析各类固体废物的产生环节、主要成分、有害成分、理化性质及其产生、利用和处置量。

2. 固体废物属性判定

根据《中华人民共和国固体废物污染环境防治法》《固体废物鉴别标准 通则》（GB 34330—2017），对建设项目除产品、副产品外产生的物质，依据产生来源、利用和处置过程鉴别属于固体废物并且作为固体废物管理的物质，应按照《国家危险废物名录》《危险废物鉴别标准 通则》（GB 5085.7）等进行属性判定。

（1）列入《国家危险废物名录》的直接判定为危险废物。环境影响报告书（表）中应对照名录明确危险废物的类别、行业来源、代码、名称、危险特性。

（2）未列入《国家危险废物名录》，但从工艺流程及产生环节、主要成分、有害成分等角度分析可能具有危险特性的固体废物，环评阶段可类比相同或相似的固体废物危险特性判定结果，也可选取具有相同或相似性的样品，按照《危险废物鉴别技术规范》（HJ/T 298）、《危险废物鉴别标准》（GB 5085.1~6）等国家规定的危险废物鉴别标准和鉴别方法予以认定。该类固体废物产生后，应按国家规定的标准和方法对所产生的固体废物再次开展危险特性鉴别，并根据其主要有害成分和危险特性确定所属废物类别，按照《国家危险废物名录》要求进行归类管理。

（3）环评阶段不具备开展危险特性鉴别条件的可能含有危险特性的固体废物，环境影响报告书（表）中应明确疑似危险废物的名称、种类、可能的有害成分，并明确暂按危险废物从严管理，并要求在该类固体废物产生后开展危险特性鉴别，环境影响报告书（表）中应按《危险废物鉴别技术规范》（HJ/T 298）、《危险废物鉴别标准 通则》（GB 5085.7）等要求给出详细的危险废物特性鉴别方案建议。

3. 产生量核算方法

采用物料衡算法、类比法、实测法、产排污系数法等相结合的方法核算建设项目危险废物的产生量。

对于生产工艺成熟的项目，应通过物料衡算法分析估算危险废物产生量，必要时采用类比法、产排污系数法校正，并明确类比条件、提供类比资料；若无法按物料衡算法估算，可采用类比法估算，但应给出所类比项目的工程特征和产排污特征等类比条件；对于改建、扩建项目可采用实测法统计核算危险废物产生量。

4. 污染防治措施

工程分析应给出危险废物收集、贮存、运输、利用、处置环节采取的污染防治措施，并以表格的形式列明危险废物的名称、数量、类别、形态、危险特性和污染防治措施等内容，参见表9-1。

在项目生产工艺流程图中应标明危险废物的产生环节，在厂区布置图中应标明危险废物贮存场所（设施）、自建危险废物处置设施的位置。

表9-1　　　　　工程分析中危险废物汇总样表

序号	危险废物名称	危险废物类别	危险废物代码	产生量（t/年）	产生工序及装置	形态	主要成分	有害成分	危险废物产生周期	危险特性	污染防治措施①
1											
2											
...											

① 污染防治措施一栏中应列明各类危险废物的贮存、利用或处置的具体方式。对同一贮存区同时存放多种危险废物的，应明确分类、分区、包装存放的具体要求。

二、环境影响分析

1. 基本要求

在工程分析的基础上，环境影响报告书（表）应从危险废物的产生、收集、贮存、运输、利用和处置等全过程以及建设期、运营期、服务期满后等全时段角度考虑，分析预测建设项目产生的危险废物可能造成的环境影响，进而指导危险废物污染防治措施的补充完善。

同时，应特别关注与项目有关的特征污染因子，按《环境影响评价技术导则 地下水环境》《环境影响评价技术导则 大气环境》等要求，开展必要的土壤、地下水、大气等环境背景监测，分析环境背景变化情况。

2. 危险废物贮存场所（设施）环境影响分析

危险废物贮存场所（设施）环境影响分析内容应包括：

（1）按照《危险废物贮存污染控制标准》（GB 18597）及其修改单，结合区域环境条件，分析危险废物贮存场选址的可行性。

（2）根据危险废物产生量、贮存期限等分析、判断危险废物贮存场所（设施）的能力是否满足要求。

（3）按环境影响评价相关技术导则的要求，分析预测危险废物贮存过程中对环境空气、地表水、地下水、土壤以及环境敏感保护目标可能造成的影响。

3. 运输过程的环境影响分析

分析危险废物从厂区内产生工艺环节运输到贮存场所或处置设施可能产生散落、泄漏所引起的环境影响。对运输路线沿线有环境敏感点的，应考虑其对环境敏感点的环境影响。

4. 利用或者处置的环境影响分析

利用或者处置危险废物的建设项目环境影响分析应包括：

（1）按照《危险废物焚烧污染控制标准》（GB 18484）、《危险废物填埋污染控制标准》（GB 18598）等，分析论证建设项目危险废物处置方案选址的可行性。

（2）应按建设项目建设和运营的不同阶段开展自建危险废物处置设施（含协同处置危险废物设施）的环境影响分析预测，分析对环境敏感保护目标的影响，并提出合理的防护距离要求。必要时，应开展服务期满后的环境影响评价。

（3）对综合利用危险废物的，应论证综合利用的可行性，并分析可能产生的环境影响。

5. 委托利用或者处置的环境影响分析

环评阶段已签订利用或者委托处置意向的，应分析危险废物利用或者处置途径的可行性。暂未委托利用或者处置单位的，应根据建设项目周边有资质的危险废物处置单位的分布情况、处置能力、资质类别等，给出建设项目产生危险废物的委托利用或处置途径建议。

三、污染防治措施技术经济论证

1. 基本要求

环境影响报告书（表）应对建设项目可研报告、设计等技术文件中的污染防治措施的技术先进性、经济可行性及运行可靠性进行评价，根据需要补充完善危险废物污染防治措施。明确危险废物贮存、利用或处置相关环境保护设施投资并纳入环境保护设施投资、"三同时"验收表。

2. 贮存场所（设施）污染防治措施

分析项目可研报告、设计等技术文件中危险废物贮存场所（设施）所采取的污染防治措施、运行与管理、安全防护与监测、关闭等要求是否符合有关要求，并提出环保优化建议。

危险废物贮存应关注"四防"（防风、防雨、防晒、防渗漏），明确防渗措施和渗漏收集措施，以及危险废物堆放方式、警示标识等方面内容。

对同一贮存场所（设施）贮存多种危险废物的，应根据项目所产生危险废物的类别和性质，分析论证贮存方案与《危险废物贮存污染控制标准》（GB 18597）中的贮存容器要求、相容性要求等的符合性，必要时提出可行的贮存方案。

环境影响报告书（表）应列表明确危险废物贮存场所（设施）的名称、位置、占地面积、贮存方式、贮存能力、贮存周期等，建设项目危险废物贮存场所（设施）基本情况样表见表9-2。

表9-2　　　　建设项目危险废物贮存场所（设施）基本情况样表

序号	贮存场所（设施）名称	危险废物名称	危险废物类别	危险废物代码	位置	占地面积	贮存方式	贮存能力	贮存周期
1									
2									
…									

3. 运输过程的污染防治措施

按照《危险废物收集 贮存 运输技术规范》（HJ 2025），分析危险废物的收集和转运过程中采取的污染防治措施的可行性，并论证运输方式、运输线路的合理性。

4. 利用或者处置方式的污染防治措施

按照《危险废物焚烧污染控制标准》（GB 18484）、《危险废物填埋污染控制标准》（GB 18598）和《水泥窑协同处置固体废物污染控制标准》（GB 30485）等，分析论证建设项目自建危险废物处置设施的技术、经济可行性，包括处置工艺、处理能力是否满足要求，装备（装置）水平的成熟、可靠性及运行的稳定性和经济合理性，污染物稳定达标的可靠性。

5. 其他要求

（1）积极推行危险废物的无害化、减量化、资源化，提出合理、可行的措施，避免产生二次污染。

（2）改扩建及异地搬迁项目需说明现有工程危险废物的产生、收集、贮存、运输、利用和处置情况及处置能力，存在的环境问题及拟采取的"以新带老"措施等内容，改扩建项目产生的危险废物与现有贮存或处置的危险废物的相容性等。涉及原有设施拆除及造成环境影响的分析，明确应采取的措施。

四、环境风险评价

按照《建设项目环境风险评价技术导则》（HJ/T 169）和地方环境保护部门有关规定，针对危险废物产生、收集、贮存、运输、利用、处置等不同阶段的特点，进行风险识别和源项分析并进行后果计算，提出危险废物的环境风险防范措施和应急预案编制意见，并纳入建设项目环境影响报告书（表）的突发环境事件应急预案专题。

五、环境管理要求

按照危险废物相关导则、标准、技术规范等要求，严格落实危险废物环境管理与监测制度，对项目危险废物收集、贮存、运输、利用、处置各环节提出全过程环境监管要求。

列入《国家危险废物名录》附录《危险废物豁免管理清单》中的危险废物，在所列的豁免环节，且满足相应的豁免条件时，可以按照豁免内容的规定实行豁免管理。

六、结论、建议和附件

归纳建设项目产生危险废物的名称、类别、数量和危险特性，分析预测危险废物产生、收集、贮存、运输、利用、处置等环节可能造成的环境影响，提出预防和减缓环境影响的污染防治、环境风险防范措施以及环境管理等方面的改进建议。

危险废物环境影响评价相关附件可包括：

（1）开展危险废物属性实测的，提供危险废物特性鉴别检测报告。

（2）改扩建项目附已建危险废物贮存、处理及处置设施照片等。

第十章

危险废物管理典型违法案例

电力企业危险废物管理违法情况时有发生，但公开信息不多，能够查到的案例分析更少，因此，根据公开信息整理的案例内容不全，格式也无法统一。本章案例选择电力企业或电力企业可能存在同类问题的部分企业违法案例，内容以行政处罚决定书为主，结合新闻报道和现行法律法规等整理完善，给出执法引用法律条文及相关内容（为便于学习列出完整条款）。为说明问题，根据部分较早违法事实改编案例，依据最新法律给出处理意见，结果不一定最恰当，仅供参考。有的执法过程中引用了地方政府有关规定，在此如实列出，提醒读者不但要执行国家有关法律法规，而且也要遵守当地政府的相关规定。个别案例分析比较详细，仅供参考。

第一节 非法收集危险废物和涉嫌非法处置危险废物案例

案例一 某企业违法管理危险废物和某回收公司非法收集危险废物及涉嫌非法处置危险废物

一、案例简介

2021年3月15日，NB市生态环境保护综合行政执法队执法人员先后对上游某4S汽车服务有限公司（以下简称该"企业"）及其负责回收废机油的某废油回收有限公司（以下简称回收公司）进行执法检查。

经查，该"企业"的危险废物台账和网上登记的联单数量完全一致，然而在执法人员依照经验将废机油财务收款记录与固定时间段的机油出库量、汽车保养维修（更换机油）台次和废机油出售票据进行全面的核对和计算后，发现该"企业"的废机油实际转移量与转移联单载明数量差距较大，亦存在废机油产生量和危险废物转移联单载明的转移量不符的现象。经核实，该"企业"2019年度和2020年度未填制危险废物转移联单的废机油量分别为35.5t和28.22t。

2021年3月16日，NB市生态环境保护综合行政执法队进一步从该"企业"的废机油回收渠道（回收公司）倒查问题。经查，该回收公司亦存在非法收集、处置废机油情形，从上游机动车维修企业收集废机油后，未按规定落实危险废物转移联单制度，且大量未执行转移联单程序的废机油最终去向不明，存在较大环境风险和隐患。

二、执法情况

该"企业"及回收公司违反了《中华人民共和国固体废物污染环境防治法》（2020年修正）第八十二条第一款和第一百一十二条第一款第（六）项、第二款。2021年3月17日，NB市生态环境局对该"企业"和回收公司立案处罚，均处以10万元罚款的行政处罚。

该回收公司违反了《最高人民法院、最高人民检察院关于办理环境污染刑事案件适用法律若干问题的解释》（法释〔2016〕29号）第一条第（二）项的规定。2021年4月7日，NB市生态环境局将回收公司涉嫌非法处置危险废物的线索移送NB市公安局并抄送NB市人民检察院。

三、经验教训

涉危险废物企业要根据国家相关法律法规要求，依法合规做好危险废物处置工作，要做好各项记录台账，保证危险废物台账和网上登记的联单数量一致，同时保证与财务、水电、物料平衡、经营记录等资料统一对应，以备执法部门的监督检查。

四、违规条款及相关内容

（一）《中华人民共和国固体废物污染环境防治法》（2020年修订）

第八十二条 转移危险废物的，应当按照国家有关规定填写、运行危险废物电子或者纸质转移联单。

跨省、自治区、直辖市转移危险废物的，应当向危险废物移出地省、自治区、直辖市人民政府生态环境主管部门申请。移出地省、自治区、直辖市人民政府生态环境主管部门应当及时商经接受地省、自治区、直辖市人民政府生态环境主管部门同意后，在规定期限内批准转移该危险废物，并将批准信息通报相关省、自治区、直辖市人民政府生态环境主管部门和交通运输主管部门。未经批准的，不得转移。

危险废物转移管理应当全程管控、提高效率，具体办法由国务院生态环境主管部门会同国务院交通运输主管部门和公安部门制定。

第一百一十二条 违反本法规定，有下列行为之一，由生态环境主管部门责令改正，处以罚款，没收违法所得；情节严重的，报经有批准权的人民政府批准，可以责令停业或者关闭：

（1）未按照规定设置危险废物识别标志的；

（2）未按照国家有关规定制定危险废物管理计划或者申报危险废物有关资料的；

（3）擅自倾倒、堆放危险废物的；

（4）将危险废物提供或者委托给无许可证的单位或者其他生产经营者从事经营活动的；

（5）未按照国家有关规定填写、运行危险废物转移联单或者未经批准擅自转移危险废物的；

（6）未按照国家环境保护标准贮存、利用、处置危险废物或者将危险废物混入非危险废物中贮存的；

（7）未经安全性处置，混合收集、贮存、运输、处置具有不相容性质的危险废物的；

（8）将危险废物与旅客在同一运输工具上载运的；

（9）未经消除污染处理，将收集、贮存、运输、处置危险废物的场所、设施、设备和容器、包装物及其他物品转作他用的；

（10）未采取相应防范措施，造成危险废物扬散、流失、渗漏或者其他环境污染的；

（11）在运输过程中沿途丢弃、遗撒危险废物的；

（12）未制定危险废物意外事故防范措施和应急预案的；

（13）未按照国家有关规定建立危险废物管理台账并如实记录的。

有前款第一项、第二项、第五项、第六项、第七项、第八项、第九项、第十二项、第十三项行为之一，处十万元以上一百万元以下的罚款；有前款第三项、第四项、第十项、第十一项行为之一，处所需处置费用三倍以上五倍以下的罚款，所需处置费用不足二十万元的，按二十万元计算。

（二）《最高人民法院 最高人民检察院关于办理环境污染刑事案件适用法律若干问题的解释》（法释〔2016〕29号）相关内容

第一条 实施刑法第三百三十八条规定的行为，具有下列情形之一的，应当认定为"严重污染环境"。

（1）在饮用水水源一级保护区、自然保护区核心区排放、倾倒、处置有放射性的废物、含传染病病原体的废物、有毒物质的；

（2）非法排放、倾倒、处置危险废物三吨以上的；

（3）排放、倾倒、处置含铅、汞、镉、铬、砷、铊、锑的污染物，超过国家或者地方污染物排放标准三倍以上的；

（4）排放、倾倒、处置含镍、铜、锌、银、钒、锰、钴的污染物，超过国家或者地方污染物排放标准十倍以上的；

（5）通过暗管、渗井、渗坑、裂隙、溶洞、灌注等逃避监管的方式排放、倾倒、处置有放射性的废物、含传染病病原体的废物、有毒物质的；

（6）二年内曾因违反国家规定，排放、倾倒、处置有放射性的废物、含传染病病原体的废物、有毒物质受过两次以上行政处罚，又实施前列行为的；

（7）重点排污单位篡改、伪造自动监测数据或者干扰自动监测设施，排放化学需氧量、氨氮、二氧化硫、氮氧化物等污染物的；

（8）违法减少防治污染设施运行支出一百万元以上的；

（9）违法所得或者致使公私财产损失三十万元以上的；

（10）造成生态环境严重损害的；

（11）致使乡镇以上集中式饮用水水源取水中断十二小时以上的；

（12）致使基本农田、防护林地、特种用途林地五亩以上，其他农用地十亩以上，其他土地二十亩以上基本功能丧失或者遭受永久性破坏的；

（13）致使森林或者其他林木死亡五十立方米以上，或者幼树死亡二千五百株以上的；

（14）致使疏散、转移群众五千人以上的；

（15）致使三十人以上中毒的；

（16）致使三人以上轻伤、轻度残疾或者器官组织损伤导致一般功能障碍的；

（17）致使一人以上重伤、中度残疾或者器官组织损伤导致严重功能障碍的；

（18）其他严重污染环境的情形。

（三）《中华人民共和国刑法》（2020年修订）

第三百三十八条 违反国家规定，排放、倾倒或者处置有放射性的废物、含传染病病原体的废物、有毒物质或者其他有害物质，严重污染环境的，处三年以下有期徒刑或者拘役，并处或者单处罚金；情节严重的，处三年以上七年以下有期徒刑，并处罚金；有下列情形之一的，处七年以上有期徒刑，并处罚金：

（1）在饮用水水源保护区、自然保护地核心保护区等依法确定的重点保护区域排放、倾倒、处置有放射性的废物、含传染病病原体的废物、有毒物质，情节特别严重的；

（2）向国家确定的重要江河、湖泊水域排放、倾倒、处置有放射性的废物、含传染病病原体的废物、有毒物质，情节特别严重的；

（3）致使大量永久基本农田基本功能丧失或者遭受永久性破坏的；

（4）致使多人重伤、严重疾病，或者致人严重残疾、死亡的。

有前款行为，同时构成其他犯罪的，依照处罚较重的规定定罪处罚。

第二节 企业涉嫌跨省非法转移、倾倒、处置危险废物案例

案例二 某企业涉嫌跨省非法转移、倾倒、处置危险废物

一、案例简介

2021年4月22日，TY市生态环境局LF分局（以下称LF分局）执法人员在LF县MJZ乡现场检查时，发现MJZ村QL沟内倾倒有大量黑色黏稠物伴有刺鼻气味，随即执法人员报送TY市生态环境局寻求技术支持。TY市生态环境局立即组织专业人员赴现场勘察，判断黑色黏稠物疑似危险废物，涉嫌环境污染犯罪，遂立即启动联动机制。

2021年4月23日，LF分局将案件移送TY市LF县公安局，并委托检测公司对倾倒现场的黑色黏稠物采样，经现场快速检测发现该黑色黏稠物呈强酸性，初步认定为危险废物。

该案涉及山东和河南等省，LF县境内共有3处危险废物倾倒点，合计3630余吨。TY市生态环境局会同TY市公安局联合开展跨省调查，溯源LF县境内倾倒的黑色黏稠物系山东某石化企业产生的废油渣非法转移至河南某企业进行非法处置后产生的二次油渣。根据采样鉴定结果，该废油渣属于危险废物。

二、执法情况

上述行为涉嫌违反《中华人民共和国刑法》（2020年修订）第三百三十八条、《最高人民法院、最高人民检察院关于办理环境污染刑事案件适用法律若干问题的解释》（法释〔2016〕29号）第一条第（二）项的规定。2021年4月23日，LF分局将案件移送TY市LF县公安局。截至目前，已批捕8人，刑拘10人，网上追逃2人。

三、经验教训

涉危险废物企业严禁将危险废物转交至无危险废物经营资质等非法经营的企业与个人，要根据国家相关法律法规要求，依法合规做好危险废物处置工作，落实好危险废物防护措施，同时要做好各项记录台账，以备执法部门的监督检查。

四、违规条款及相关内容

（1）《中华人民共和国刑法》（2020年修订）第三百三十八条见第一节案例。

（2）《最高人民法院、最高人民检察院关于办理环境污染刑事案件适用法律若干问题的解释》（法释〔2016〕29号）第一条第（二）项，见第一节案例。

第三节　企业未按规定存放包装物违法案例

案例三　某企业废油桶扔进垃圾桶被罚款

一、案例简介

BJ市生态环境局于2021年8月26日对ZHYH公司进行了现场检查，发现该单位将汽车保养过程中产生的废机油瓶（属于《国家危险废物名录》中规定的危险废物）混入废报纸、塑料袋等共同放置于维修车间的垃圾桶内，属于将危险废物混入非危险废物中贮存，违反了《中华人民共和国固体废物污染环境防治法》第八十一条第二款、第一百一十二条第一款第（六）项、第二款。依据法律，BJ市生态环境局责令该单位停止违法行为，限3日内改正，并对其处以10万元罚款。

二、违规条款及相关内容

《中华人民共和国固体废物污染环境防治法》（2020年修订）：

第八十一条　收集、贮存危险废物，应当按照危险废物特性分类进行。禁止混合收集、贮存、运输、处置性质不相容而未经安全性处置的危险废物。

贮存危险废物应当采取符合国家环境保护标准的防护措施。禁止将危险废物混入非危险废物中贮存。

从事收集、贮存、利用、处置危险废物经营活动的单位，贮存危险废物不得超过一年；确需延长期限的，应当报经颁发许可证的生态环境主管部门批准；法律、行政法规另有规定的除外。

第一百一十二条　见第一节案例。

案例四　某企业废油桶未按规定存放被罚款

一、案例简介

JX市NH区生态环境局于2021年9月22日对YD公司进行现场检查，发现公司未将废油桶按规定存放在标准化危险废物仓库内，擅自进行露天堆放，且危险废物未张贴危险废物标准化警示标识。JX市NH区生态环境局根据《浙江省固体废物污染环境防治条例》第三十条第一款、第五十六条及《中华人民共和国固体废物污染环境防治法》第七十七条、第一百一十二条第一款第（一）项、第二款的规定，对公司作出了责令停止违法行为，限期改正，并罚款10万元的行政处罚决定。

二、违规条款及相关内容

（一）《中华人民共和国固体废物污染环境防治法》（2020年修订）

第七十七条　对危险废物的容器和包装物以及收集、贮存、运输、利用、处置危险废物的设施、场所，应当按照规定设置危险废物识别标志。

第一百一十二条　见第一节案例。

（二）《浙江省固体废物污染环境防治条例》

第三十条　禁止随意倾倒、堆放、抛撒危险废物。

禁止任何单位和个人非法侵占、毁损危险废物的贮存、处置场所和设施。

危险废物填埋场运营管理单位应当建立危险废物填埋的永久性档案，填埋过的场地应当建立识别标志，并将填埋情况向环境保护、国土资源、建设部门备案。

第五十六条　违反本条例第三十条规定，随意倾倒、堆放、抛撒危险废物，非法侵占、毁损危险废物的贮存、处置场所和设施，或者填埋场运营管理单位未建立填埋的永久性档案、识别标志并报备案的，由环境保护行政主管部门责令停止违法行为，限期改正，处一万元以上十万元以下罚款。

第四节　企业无证从事收集危险废物经营活动违法案例

案例五　某企业无证收集转运废蓄电池

一、案例简介

2021年3月11日，CD市JN区生态环境局执法人员在日常巡查工作中发现，JN区某空地有三辆货车正在转运废铅蓄电池。废铅蓄电池均为肖某某收集，当时正在转运并计划卖给下游处置单位。

经过详细调查后，CD市生态环境局认定肖某某涉嫌"无许可证从事收集、贮存、利用、处置危险废物经营活动"违法行为，违反了《中华人民共和国固体废物污染环境防治法》（2020年修订）第八十条第一款和第二款的规定，依据《中华人民共和国固体废物污染环境防治法》第一百一十四条第一款的规定，对肖某某处100万元罚款；依据《中华人民共和国固体废物污染环境防治法》第一百二十条第四项的规定，将案件移送公安机关，对当事人实施行政拘留。

二、违规条款及相关内容

《中华人民共和国固体废物污染环境防治法》（2020年修订）：

第八十条 从事收集、贮存、利用、处置危险废物经营活动的单位，应当按照国家有关规定申请取得许可证。许可证的具体管理办法由国务院制定。

禁止无许可证或者未按照许可证规定从事危险废物收集、贮存、利用、处置的经营活动。

禁止将危险废物提供或者委托给无许可证的单位或者其他生产经营者从事收集、贮存、利用、处置活动。

第一百一十四条 无许可证从事收集、贮存、利用、处置危险废物经营活动的，由生态环境主管部门责令改正，处一百万元以上五百万元以下的罚款，并报经有批准权的人民政府批准，责令停业或者关闭；对法定代表人、主要负责人、直接负责的主管人员和其他责任人员，处十万元以上一百万元以下的罚款。

未按照许可证规定从事收集、贮存、利用、处置危险废物经营活动的，由生态环境主管部门责令改正，限制生产、停产整治，处五十万元以上二百万元以下的罚款；对法定代表人、主要负责人、直接负责的主管人员和其他责任人员，处五万元以上五十万元以下的罚款；情节严重的，报经有批准权的人民政府批准，责令停业或者关闭，还可以由发证机关吊销许可证。

第一百二十条 违反本法规定，有下列行为之一，尚不构成犯罪的，由公安机关对法定代表人、主要负责人、直接负责的主管人员和其他责任人员处十日以上十五日以下的拘留；情节较轻的，处五日以上十日以下的拘留：

（1）擅自倾倒、堆放、丢弃、遗撒固体废物，造成严重后果的；

（2）在生态保护红线区域、永久基本农田集中区域和其他需要特别保护的区域内，建设工业固体废物、危险废物集中贮存、利用、处置的设施、场所和生活垃圾填埋场的；

（3）将危险废物提供或者委托给无许可证的单位或者其他生产经营者堆放、利用、处置的；

（4）无许可证或者未按照许可证规定从事收集、贮存、利用、处置危险废物经营活动的；

（5）未经批准擅自转移危险废物的；

（6）未采取防范措施，造成危险废物扬散、流失、渗漏或者其他严重后果的。

第五节　企业危险废物储存库未按要求建设管理违法案例

案例六　某企业危险废物贮存场所未按规范设置危险废物识别标志

2021年11月3日，KP市生态环境局监察执法人员对某公司进行执法检查时，发现该公司的危险废物贮存场所未按规范设置危险废物识别标志。KP市生态环境局针对该公司的环境违法行为，对该公司立案查处，责令该公司立即对贮存危险废物的场所按规范设置危险废物识别标志，并罚款人民币10万元。

案例七　某企业危险废物未按规范设置危险废物识别标志

一、案例简介

2021年8月30日，TZ市生态环境局执法人员在某公司检查中发现，该企业危险废物库中部分危险废物桶未张贴危险废物标识。环境保护部门认为，该单位违反了《中华人民共和国固体废物污环境防治法》（2020年修订）第七十七条"对危险废物的容器和包装物以及收集、贮存、运输处置危险废物的设施、场所，应当按照规定设置危险废物识别标志"的规定。10月1日，TZ市生态环境局以《行政处罚事先告知书》《行政处罚听证会告知书》告知其违法事实、处罚依据和拟作出的处罚决定，并告知其有权进行陈述申辩和听证。该企业逾期未提出陈述申辩和听证的要求。随后，环境保护部门责令该公司立即改正违法行为，处10万元罚款。

二、违规条款及相关内容

《中华人民共和国固体废物污环境防治法》（2020年修订）第七十七条：对危险废物的容器和包装物以及收集、贮存、运输、利用、处置危险废物的设施、场所，应当按照规定设置危险废物识别标志。

案例八　某危险废物储存库未按要求建设管理

一、案例简介

2021年8月22日，市生态环境局执法人员在HX公司检查中发现，HX公司危险废物库未按《危险废物贮存污染控制标准》（GB 18579—2001）建设管理，未密闭、无废气收集处理系统；设备维护、更换和拆解过程中产生的危险废物HW08废矿物油

14.94t及大量HW49废油桶与非危险废物混存;HX公司设备维护、更换和拆解过程中产生的危险废物HW08废矿物油未向生态环境部门申报危险废物的种类、产生量、流向、贮存、处置等有关资料。依据《中华人民共和国固体废物污染环境防治法》第一百一十二条,HX公司被处40万元罚款。

二、违规条款及相关内容

《中华人民共和国固体废物污环境防治法》第一百一十二条,见本章第一节案例。

参考文献

[1] 环境保护部科技标准司，中国环境科学学会. 危险废物污染防治知识问答[M]. 北京：中国环境出版社，2016.

[2] 生态环境部环境工程评估中心. 环境影响评价相关法律法规[M]. 北京：中国环境出版集团，2021.

[3] 河南省燃煤电厂行业危险废物管理手册. http://www.doczj.com/doc/e81687793.html.

[4] 丁霆，徐池. 新形势下企业危险废物管理的思考[J]. 中小企业管理与科技，2021（2）：32-33.

[5] 缪虹. 新固废法下企业危险废物管理[J]. 低碳世界，2021，11（01）：7-8.

[6] 李安学，付志新，盛于蓝. 发电企业危险化学品安全管理基础与实务[M]. 北京：中国电力出版社，2021.